苏州市工商业档案史料丛编

丝绸艺术赏析

SILK ART APPRECIATION

编著：刘立人　卜鉴民
　　　刘　婧　甘　戈

苏州大学出版社

图书在版编目（CIP）数据

丝绸艺术赏析 / 刘立人等编著. -- 苏州：苏州大学出版社，2015.7
（苏州市工商业档案史料丛编）
ISBN 978-7-5672-1329-6

Ⅰ. ①丝… Ⅱ. ①刘… Ⅲ. ①丝绸－丝织工艺－鉴赏－苏州市 Ⅳ. ①TS145.3

中国版本图书馆CIP数据核字(2015)第174165号

丝绸艺术赏析

刘立人　卜鉴民　刘　婧　甘　戈　编著

责任编辑　吴　钰　王　亮

苏州大学出版社出版发行
（地址：苏州市十梓街1号　邮编215006）
苏州工业园区美柯乐制版印务有限责任公司印装
（地址：苏州工业园区东兴路7-1号　邮编215021）

开本890mm×1240mm　1/16　印张17.75　字数478千
2015年7月第1版　2015年7月第1次印刷
ISBN 978-7-5672-1329-6　定价：198.00元

苏州大学版图书若有印装错误，本社负责调换
苏州大学出版社营销部　电话:0512-65225020
苏州大学出版社网址　http://www.sudapress.com

丝 绸 艺 术 赏 析　SILK ART APPRECIATION

序言

序一：当"档案"遇见"丝绸"

2015年5月，"近现代苏州丝绸样本档案"入选第四批《中国档案文献遗产名录》，成为继苏州商会档案（晚清部分）、苏州市民公社档案和晚清民国时期百种常熟地方报纸之后，苏州地域的又一入选项目。这批丝绸样本档案收藏在苏州市工商档案管理中心，在此次全国29组入选档案文献中，唯有它以丝织品实物为主要载体，别具特色。这是"档案"和"丝绸"的精彩相逢。

"近现代苏州丝绸样本档案"时间跨度达100多年，总数30余万件，包含丝绸14大类，其数量之巨、内容之完整，在我国乃至世界都独一无二，反映了晚清以来多个历史时期中国丝绸的演变概貌，折射出近现代中国丝绸文化与政治经济、百姓生活、时代审美之间千丝万缕的关系，包含丰富的历史人文和经济价值。

中国是丝绸古国，苏州是"丝绸之府"。嫘祖在遥远的传说里栽桑养蚕，而经考古发现，早在4700年前的新石器时代，太湖流域的先民就开始养蚕丝织，之后蚕丝柔韧地穿越历史长卷。

翻阅丝绸样本档案，感怀民国丝绸质地的"结婚证"上"佳偶天成，良缘永缔"之美好祝愿，共赴婚姻的当事人已不知所踪，这卷婚书也有了四分之三个世纪的风云着色。在庆幸馆藏百年档案留存之余，却不禁感慨相对数千年有记录的历史，档案可上溯的时间何其短。

即便是如唐诗、长城这般深刻中国文化基因里的事物，也难以抵抗时间。据明代诗学家胡震亨估算，到他所处的年代，唐诗已经至少失传了一半。而近日《京华时报》调查报道，明长城30%已消失，报道举例说，由于保护不力，20世纪80年代文物普查，宁夏长城有800千米左右可见墙体，如今只剩下300千米左右了。

与长城的坚固墙体相比，组成档案的纸张卷册、丝绸样本的真丝材质，显然更加脆弱。因此，本世纪初国企改制浪潮中，档案工作者对包括丝绸样本档案在内的改制企业档案，进行了历史性的抢救保护。与此相对，许多地区的改制企业档案在改制过程中永久散失，它们既物证地域工商业的百年发展史，又关乎工人们再就业时的切身利益。

如今，收藏在苏州市工商档案管理中心的改制企业档案已约200万卷之巨。2012年苏州市政府出台《苏州市丝绸产业振兴发展规划》，如同励志文章里说的"所谓机会，就是运气遇到了你的努力"，市工商档案管理中心迅速从200万卷中艰难整理出约30万件丝绸样本档案，贴近大局竭力开发，才有了今天的"近现代苏州丝绸样本档案"，才有了即将开工的"中国丝绸档案馆"。市工商档案管理中心还与苏州大学、苏州经贸学院和苏州职业大学等高校开展丝绸保护技术研究，与8家丝绸生产企业共建"苏州传统丝绸样本档案传承与恢复基地"，提供馆藏样本，依赖丝绸企业的专业化研发和生产设备，复制失传或濒临失传的工艺。目前馆藏明清宋锦、罗残片，已得到不同程度的复制。苏州丝绸样本，得到了有史以来最专业、系统的保护和开发。

从世纪初的抢救保护，到整理开发，到建立丝绸档案馆，都具有历史功绩。

此次市工商档案管理中心与吴绫丝绸刘立人先生合作编辑出版《丝绸艺术赏析》一书，在展现丝绸艺术价值、传播中国丝绸文化的同时，也有助于中心馆藏30余万件丝绸样本档案的展示和利用，对于今后继续丰富馆藏丝绸样本、开发丝绸档案信息资源等工作有着重要的意义。我乐于想象，多年后人们还可通过本书了解今时的丝绸工艺。这又是"档案"和"丝绸"的相逢。

欣逢举国大兴"一带一路"的历史性机遇，期待更多人加入到丝绸文化和档案文化的传承中来。

苏州市档案局（馆）长　肖　芃
2015年5月

序二：对丝织艺术的欣赏应更加普及

2015年初，我受苏州市工商档案管理中心邀请，参观了刘立人先生在新中国成立后收藏的300余件具有时代特征与旨趣的丝织艺术作品，这批藏品种类较为全面，包括织、绣、印、绘等各个门类。

就藏品的归类和整理而言，刘先生的工作是值得肯定的，在苏州这样得天独厚的丝绸文化氛围中，像刘先生这样从事丝绸生产与加工的人并不少有，但在从事生产工作的同时，还能不断进修完善专业知识，注意关注和收集具有时代特征的丝绸藏品的，则实为鲜见。刘先生能够很好地应用专业知识，对所收藏的织绣品进行技艺的研究与分析，对纹样的素材进行信息的整理与归纳，我以为，这样的作为与态度是十分值得赞赏的。

刘先生带领的团队已经完成了对这批藏品图文的基本整理研究，希望我能为《丝绸艺术赏析》一书写篇序言，我不忍推拒。从专业角度而言，刘先生对于织物组织、工艺等的认识仍在不断积累中，该书中对于"像景"艺术的界定也有待进一步商榷，但毕竟我的判断多出于纺织考古的学科要求，对于当代这样已脱离了手工织造环境的日常生活而言，是有些过于严苛的。

就当代需求而言，类似于《丝绸艺术赏析》这样能够尽到普及中国传统丝织文化知识的书籍尚不够多。对于本书，我看重之处有二，首先，对于各个藏品刘先生做到了基础的工艺技法解析，并能根据需要，组织整理相关的文物文献信息进行比对说明；其次，即便"像景"一说有待商榷，但就藏品样貌而言，此批表现新中国成立前后织物旨趣与风格的人物、风景织品是确有其鲜明的时代特征的。

就纺织文化的研究而言（其实并不仅限于纺织文化的研究），最合适的方法是，寻找自己感兴趣的话题或方向入手，在进行研究的过程中则需要具备一定数量的研究素材以做比证，最后则是去除许多想当然的判断，在自我认知研究中获得进一步的深入与提升。

对于刘立人先生而言，我很高兴他已经迈入了对自身知识系统的升华阶段，进入到纺织文化的研究之中；对于读者来说，刘先生所使用的图文并茂的方式，及所提供的织物工艺技术信息，将极大地辅助大家接近和了解中国的丝织文化及像景艺术；而之于我，则以为只有越来越多的人再次拥有对中国传统丝织文化的兴趣，才能各自寻找到兴趣点，并逐步建立起属于每一个人的丝织文化判断体系。

若每一个中国人都能再次对丝织技术与艺术侃侃而谈了，属于中国的丝织文化复兴才有了坚实的基础。在这里，我并不会宣传刘先生的整理多么专业或符合国情，我只希望大家能够看到这份几十年兢兢业业的搜集与整理工作中的热情与成果。没有人能保证不出错误，但如果作为读者的您已经拥有了判断正误的眼力，那么中国丝织文化何愁没有盛大的前景？

是为序。

中国社会科学院纺织考古专家 王亚蓉

2015年5月

丝绸艺术赏析 SILK ART APPRECIATION

前　言 ··· 1

第一章　传统的织锦艺术
第一节　织锦艺术的沿革 ·· 3
第二节　传统织锦艺术赏析 ·· 7

第二章　民国时期的丝织像景艺术
第一节　中国丝织像景织物的兴起 ·· 24
第二节　民国时期丝织像景工艺技术 ··· 26
第三节　民国时期丝织像景艺术特征 ··· 26
第四节　民国时期丝织像景艺术赏析 ··· 27

第三章　新中国建立初期的丝织像景艺术
第一节　丝绸业的恢复和发展 ··· 86
第二节　新中国建立初期丝织像景织物的特征与分类 ···················· 87
第三节　新中国建立初期丝织像景艺术赏析 ·································· 88

第四章　"文革"时期的丝织像景艺术
第一节　"文革"时期丝织像景织物简述 ······································· 132
第二节　"文革"时期丝织像景织物的工艺技术特征 ······················ 135
第三节　"文革"时期丝织像景艺术赏析 ······································· 136

第五章　锦上添花的刺绣艺术
第一节　中国刺绣的沿革和艺术特点 ··· 196
第二节　刺绣的分类和针法 ·· 199
第三节　刺绣艺术赏析 ··· 203

第六章　现代丝绸艺术
第一节　现代丝绸艺术的要素和分类 ··· 234
第二节　现代丝绸艺术品的主要加工工艺 ···································· 236
第三节　现代丝绸艺术赏析 ·· 240

主要参考书目 ··· 272

后　记 ··· 273

前 言

艺术的原意是种植、技能与本领。

艺术品是指通过某种技艺，塑造某种形象，来反映社会生活，表现人类情感，使人们得到精神愉悦的物品，如书画、音乐、雕塑、戏剧等，其作品能使欣赏的人获得某种精神享受。艺术品是人类社会不可缺失的精神财富，也是人类社会文明进步的重要标杆。

作为中华国宝的丝绸，其最终产品，如绸缎、丝绸制品、服饰工艺品等都具有艺术和艺术品的共同属性，即高超的制作技艺和华美的表现力。丝绸凭借自身精湛的技艺和艺术魅力，沿着古代陆地和海上的丝绸之路走遍世界，享誉全球，堪称世界艺术百花园中的一朵奇葩。丝绸不但促进了东西方文化的交流，丰富了人们的生活，更是给社会和全人类带来了美好的艺术享受。

如果要给丝绸艺术品加以定义的话，应该理解为凡是经过设计构思并采用织造、刺绣、印染、绘画、缝制等工艺技术制作而成的，具有特定图形，赋予丰富情感和寓意的丝绸及其制品。简单地说，高雅、美丽的具有特定制作工艺的丝绸制品，都应看作丝绸艺术品。

所有的文化产品都有雅俗高低之分，丝绸艺术品也不例外。几千年来，从事丝绸事业的人们，用勤劳与智慧，创造了无以计数的丝绸艺术产品。这些千姿百态的作品美化和丰富了人们的生活，组成了一个庞大的中国丝绸艺术宝库，也是人类宝贵的文化遗产。这其中，不乏大量精美无比的艺术佳品。在丝绸的艺术之海中寻找和收藏具有艺术表现力与工艺技术特色、能反映时代特征、适合传承丝绸文化的精品佳作，将其整理出来并传承下去，是我们当代丝绸人的追求和责任。

笔者从事丝绸产品开发、生产和经营几十年，出于对丝绸事业难以割舍的情结和对艺术的热爱，在很长的一段时间内，坚持利用工作之余，收藏了数以千计的丝绸艺术实物。这些艺术品不仅具有一定的时间跨度，而且大多是工艺

丝绸艺术赏析 SILK ART APPRECIATION

前言

性强，织造难度大，艺术表现力强的织锦、织绣服饰和丝织像景画。这些藏品既反映了中国各个时期的织造工艺技术特征，又反映了当时社会的人情风貌，还有相当的欣赏价值、研究价值和传承价值。尽管这只是丝绸艺术宝库中极小的一部分，但我们十分乐意把它们整理出来，加以研究和分析，并用图文并茂的方式展示出来，给喜爱丝绸艺术的观众欣赏，愉悦身心，并抛砖引玉，提供给丝绸的同行们作交流与研究之用，这样或许可以共同加深我们对丝绸文化和丝绸艺术的理解，也可以为传承中国丝绸文化和提升丝绸产品的文化内涵进行有益的尝试。这就是我们的本意。

从传承丝绸文化、传播丝绸艺术这个主题出发，本书没有太注重丝绸专业的系统性论述，而是围绕所展示的丝绸艺术品，分别从传统织锦、丝织像景、刺绣服饰和现代丝绸艺术品四个方面进行解析，并重点突出近百年来中国丝织像景画的产生发展、工艺技术和作品介绍。本书采用简述相关丝绸的历史沿革与解析丝绸艺术藏品的工艺技术、人文特征相结合的方法，配置大量图片，简明直白地展开分析和介绍，目的在于增强图书的可读性，方便读者阅览、欣赏和交流。

以书为媒，让我们一起为传承和弘扬中国的丝绸文化而努力。

编者
2015年5月

第一章
传统的织锦艺术

第一节 织锦艺术的沿革

中国丝绸经过几千年的演变和发展，品种繁多，基本可分为十几个大类，如绫、罗、绸、缎、绡、锦、绒、葛、绉、纺、呢等，每一个大类中又根据不同的原料、不同的规格、不同的工艺和组织变化等派生出许许多多的具体品种。不同的丝绸其风格、结构特征也不同，但均有其独特的质感和美感，其中最具有艺术特征的品种非锦类织物莫属。

织锦是传统丝织产品中最华美的一个品种。织彩为文曰锦（文即纹，意为纹样、图纹）。织锦是采用色丝和提花工艺织造而成的有漂亮图案的提花织物，是丝织品中最为精致绚丽的珍品，因其制作工艺复杂，耗时费力，所以有"锦，金也"和"寸锦寸金"的说法（图1-1）。

图1-1 唐代团花动物纹经锦(资料)

丝绸艺术赏析　SILK ART APPRECIATION

图1-2　清代龙纹多重纬织锦正反面局部（资料）

图1-3　近代牡丹织锦缎局部（资料）

锦类织物，经考古证实，始于商周时期，已有三千多年的历史。锦类织物的品种繁多，有很多种分类。比如，根据引纬工艺不同来分，有通经通纬、通经回纬（即显花纬线按图案要求在整幅中的某一区间里来回引纬，如妆花织物）和通经断纬（如缂丝）之分；按地组织结构的不同又可以分为平、斜、缎、罗、绫、纱等；按显花组织结构的不同可以分为重经、二重纬、多重纬等（图1-2）；如果按照地域来分，又有蜀锦、云锦、宋锦、壮锦等；按显花方法可以分为经丝提花、经纬斜纹提花和纬丝提花。无论哪种分类，总体来看，锦类织物的发展大致经历了三个阶段，第一阶段为商周和汉唐的经向提花织物；而唐代出现了经纬斜纹提花织物，这是过渡的第二阶段；第三阶段是宋代至今，以纬线显花为主的提花织物。这种以纬线显花为主的提花工艺是织造技术的一大进步，其好处是纬向可以织入更多的彩色丝线，使织物的图案更清晰逼真，色彩更丰富，艺术表现力更强（图1-3），同时织造工艺变得更加灵活便捷，使工时消耗大幅降低，所以现今织造的提花织物大多沿用这种工艺。

当然，早期的经向提花工艺也有其独特的风格和优点。由于经向提花一般采用平纹组织结构，同时经线张力一般大于纬线张力，所以经显花织物的图案平整度较好，用手触摸感觉经锦表面十分平滑，其花纹图案粗看好似印花效果。而纬显花提花织物一般均有不同程度的凹凸感。

锦类织物的出现和发展，极大地扩展了丝织物的应用范围，丰富了其艺术效果。从应用角度看，锦类织物几乎覆盖了所有高档丝织品可以应用的范围。锦类织物由于具有华美和昂贵的特性，几千年来，一直是达官贵人和富有人家的奢侈消费品。锦类织物应用的范围主要有三大方面：（1）服装；（2）装饰；（3）艺术欣赏。在所有锦类织物中，尤为珍贵的是织成锦。织成锦一般是指一幅织物只显一幅图案的独花织物，而不是采用四方连续图案的织物。独花织物在同样幅宽的织物中,经显花的经丝提综数是一般织物的3~5倍,所以制造难度更大,更费时费工。织成锦一般用于皇宫和达贵的服饰面料,或用于显示权贵身份和特殊含义(如宗教图案)的装饰挂件,其价值不菲,实为传统织锦艺术的精华。

现藏于故宫博物院的织成重锦《极乐世界》是传世丝织艺术品中的顶峰之作(图1-4)。这件国宝高448厘米,宽196.5厘米,由苏州织造府高手匠师织成,全幅用19种不同颜色的长织梭织纬,织造时由一人在花楼上挽花,由两名以上织工并排坐在织机上穿梭过纬,工艺技术上的难度

图1-4 清代织成重锦《极乐世界》(资料)

是极大的，即使是今天的数码电子提花设备也无法完成这样复杂的工艺，堪称丝绸艺术品中的稀世珍宝。

缂丝是我国著名的高级丝织艺术品种。按照"织彩为文，曰锦"之意，也应视为织锦的一个品种。缂丝起源于唐代以前西北地区的缂毛织物，到了宋朝工艺趋于成熟，后来由中原发展至全国，当今主要产地在苏州一带。缂丝产品已成为江苏丝绸特有的一个能够成为世界遗产的名贵绸艺品种。

缂丝织物有三大显著特点：一是"通经断纬"的织法。以本色生丝作经，在同一开口引纬，用叶状大小的小梭，按照所临摹的图案要求，分别依次织入多种不同颜色的纬线，形成绚丽多彩的图案。二是显纬不露经。一般缂丝产品以色纬显露图纹，经丝基本不露。三是正反同色同图。即正反两面的图案和色彩完全相同，最宜作两面观赏的摆屏（图1-5）。

缂丝是一种纯手工小梭挖织的产品，主要技法有摜、勾、搭梭、刻鳞等，并采用各种"戗法"来丰富不同颜色的过渡和转换。缂丝作品的色彩极其丰富，表达艺术作品的仿真度极高，深受历朝历代达官贵人和庶民百姓的喜爱，被广泛应用于服饰、装饰、装裱和书画艺术。同时缂丝是纯手工产品，极费工时，织造成本非常高，大幅高档的缂丝产品非一般人能够享用，所以流传至今多以艺术品为主。由于对技术要求很高，所以目前全国也仅在苏州一带有数百人在从事缂丝

图1-5　清代缂丝寿星图局部(资料)

制作，而且人数还在不断减少。独有的珍贵工艺技术和产品如何继续传承下去值得重视和研究。

第二节 传统织锦艺术赏析

图1-6 明代土黄正龙纹织金花绫正面

图1-7 明代土黄正龙纹织金花绫背面

织品1 明代土黄正龙纹织金花绫（图1-6正面，图1-7背面），规格：19厘米×20厘米。这件藏品由于年代久远，褪色严重，而且金丝大多氧化发黑，但是保存相对完整。其工艺特点是：织物地组织为1/2斜纹，所以称为绫，提花组织部分的边沿采用的是绫罗结构。藏品图案为五爪龙，按照明朝对龙纹的使用规定，这可能是一件宫廷装饰用物，有一定的工艺和历史研究价值。

图1-8 清代土红五彩升龙立凤妆花缎正面

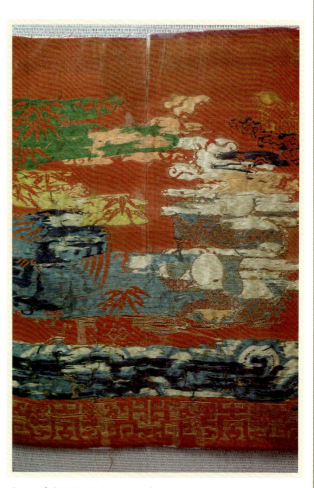
图1-9 清代土红五彩升龙立凤妆花缎背面

织品2 清代土红五彩升龙立凤妆花缎（图1-8正面，图1-9背面，图1-10局部），规格：22厘米×27厘米。其特点：一是色彩用深蓝、浅蓝、石绿、土黄及金线和白六色在土红缎纹地织出图案，十分艳丽醒目。二是升龙戏珠纹和立凤纹形象生动，配上龙珠、蝙蝠等寓意吉祥。三是工艺上利用分区的回纬妆花重纬织法，织纹清晰，艺术效果极佳。

图1-10 清代土红五彩升龙立凤妆花缎局部

图1-11 清代土红五彩降龙飞凤妆花缎

织品3 清代土红五彩降龙飞凤妆花缎（图1-11），规格：22厘米×27厘米。本织品与织品2的织造工艺和用料基本一致，不同的是图案。它采用的是降龙戏珠和飞翔的凤穿牡丹加上海水和云纹，使画面更加生动活泼。

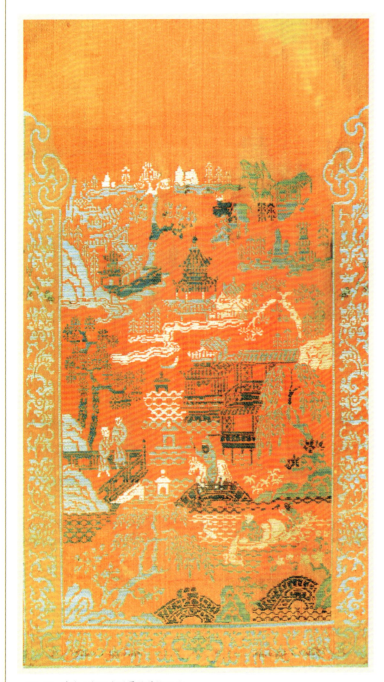

图1-12 清代土红三彩风景妆花缎正面

织品4 清代土红三彩风景妆花缎（图1-12正面，图1-13局部），规格：27厘米×35厘米。这是一件纬四色、显三色的风景图妆花织成，土红一色的纬线与同色经线组成缎地，另外深蓝、浅蓝和本白三色则显图。其主要特点是图案繁复精致。由图案可以推断应是清代织物。藏品主图织有亭台楼阁、小桥流水、山石柳荫，水中有渔夫撒网捕鱼，桥上有人骑马而过，亭台上有人欣赏风景，一派人间仙境、世外桃源的美好风光。图案的周边还有对称花卉纹样，整个构图紧凑、完整、饱满，给人以宁静安详的美感。

图1-13 清代土红三彩风景妆花缎局部

图1-14　清代七彩宋锦正面　　　　　　　　　　　　　图1-15　清代七彩宋锦背面

　　织品5　清代七彩宋锦（图1-14正面，图1-15背面），规格：32厘米×32厘米。宋锦是我国三大名锦之一，其工艺一般以几何图形配以花卉、文字作四方连续图案，用色典雅，纹饰精美。在明清时期，苏州丝织业根据宋朝留下的宋锦实物，利用这种特殊的工艺制作了大量多彩织锦，用于服饰和装裱。此件织片就是利用七种不同颜色的丝线，采取"短跑"的引纬工艺制作而成，即三根纬线中一根为地线，与经线织地，另两根色丝纬向显花。两根色丝的其中一根用以点缀图案中的精彩部分，根据织物结构的需要有规律地换梭。这种工艺最奇妙的地方在于，三组纬线按照色彩要求可进行无规则的人工换梭，形成"点睛"部分颜色变化无穷的效果。同时宋锦采用双经轴工艺，其中一组经线也用作显花，使织物的图形更加精细，令人惊叹古代丝绸人无与伦比的智慧和想象力。

图1-16　清代正龙飞凤纹大红妆花缎正面

图1-17　清代正龙飞凤纹大红妆花缎背面

　　织品6　清代正龙飞凤纹大红妆花缎（图1-16正面，图1-17背面），规格：24厘米×34厘米。这件织品的图案为：下方海水山崖，中间一条正龙，正上方为飞姿凤凰，左右及下方还有回纹织边，是典型的清代皇族图纹。织造工艺为纯手工妆花织造工艺。纬向用线为土红、深兰、浅黄、翠红、深绿五色丝线，另有银丝包复线，多重纬结构。作品艺术效果上佳。

图1-18 "江南织造臣庆林"款紫色花库缎匹头料正面

图1-19 "江南织造臣庆林"款紫色花库缎匹头料背面

织品7 清代"江南织造臣庆林"款紫色花库缎匹头料（图1-18正面，图1-19背面），规格：80厘米×12厘米。此织品是1871—1875年间制作的花库缎匹料的绸尾落款部分，为清代补三品卿银库郎中庆林在南京江宁织造府任职期间所制。该藏品落款的织法为分区回纬挖花工艺，即用手工的方法在需要显字的部分织入纬线，不显字即回头，不与地组织一同通幅织入。

丝绸艺术赏析 SILK ART APPRECIATION

图1-20　清代大红蟒纹织金妆花缎正面

图1-21　清代大红蟒纹织金妆花缎局部

图1-22　清代大红蟒纹织金妆花缎背面

　　织品8　清代大红蟒纹织金妆花缎（图1-20正面，图1-21局部，图1-22背面），规格：57厘米×72厘米。此为多彩重锦织物，图案采用清代典型的"正龙"纹样，实际为蟒纹（四爪），十分张扬，色彩鲜艳，富丽堂皇，独幅织成，应为清代亲王或一、二品大员所用，挂于厅堂，以示权贵和身份。

　　该织品所用丝线质量上乘，染有绯红、粉红、翠绿、粉绿、蓝、深绿、橘黄、本白和元色（即黑色），加包裹丝线的圆金线共10色。纬向的多重显花工艺分别采用三种引纬方式，一是通纬显花，二是短跑换纬，三是分区回纬显花。丝线中所用的绯红、粉红、翠绿、粉绿丝和圆金线，均采用分区回纬挖织（这是云锦妆花工艺的主要特征），可见织造工艺十分复杂。该织品虽然经历了几百年的时间，但是仍然色彩鲜艳，金线如新，闪闪发光，是一幅十分难得的织成重锦作品，应为清中期南京或苏州织造府所制作品，展示了极高的织锦工艺技术水平，具有很高的观赏和收藏价值。

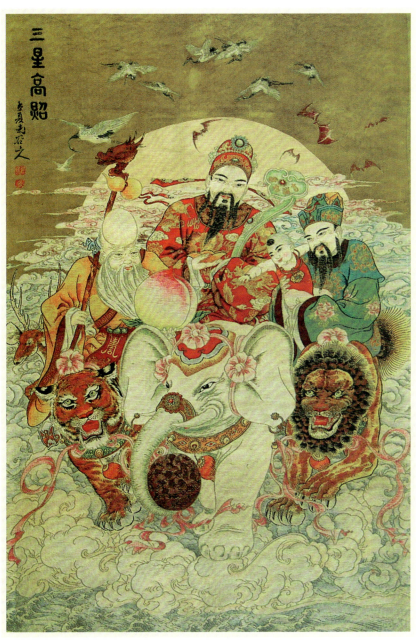

图1-23 《三星高照》传统织锦画

织品9 《三星高照》传统织锦画（图1-23，图1-24、图1-25局部），规格：40厘米×75厘米。图面为工笔重彩的福禄寿传统题材，落款为南谷山人。此作品采用传统多重纬多色丝缎地短跑织锦工艺，锦地厚实，织点细密，人物、动物表现得栩栩如生，不失为传统织锦艺术品的上乘之作。

图1-24 《三星高照》传统织锦画局部（一）

图1-25 《三星高照》传统织锦画局部（二）

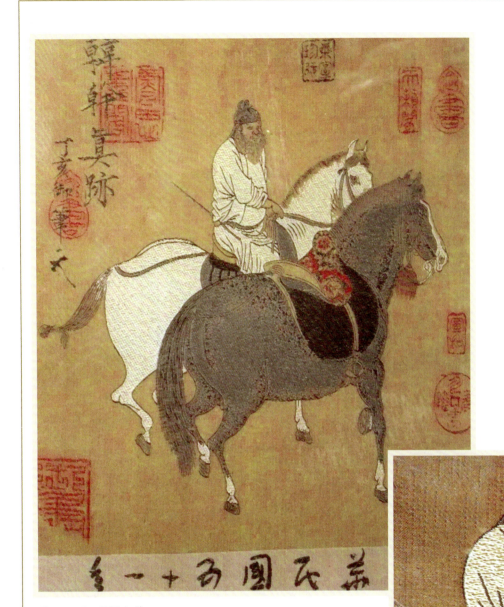

图1-26 《双马图》织锦

图1-27 《双马图》织锦局部

　　织品10　《双马图》织锦（图1-26，图1-27局部），规格：28厘米×32厘米。唐代著名画家韩干的《双马图》真迹现藏台北"故宫博物院"。此幅织锦画制作时间为20世纪60年代，工艺采用黑、白、灰、红加经向咖啡色五色熟织，图形逼真，颇有历史沧桑感，应为我国台湾地区织锦匠人所作，有较高的观赏和收藏价值。

图1-28 金地仙鹤纹缂丝椅披

图1-29 金地仙鹤纹缂丝椅披细部

织品11 金地仙鹤纹缂丝椅披（图1-28，图1-29细部），规格：53厘米×158厘米。本织品采用的是金地缂花工艺，纬显花色丝多达20种。同一纬向开口中最多依次织入15种不同色彩的纬线，这使得图纹的色彩富于变化。这件织品多用于明清时期达官贵人的椅背织成料，图案为仙鹤寿桃、云海杂宝，寓意吉祥长寿。

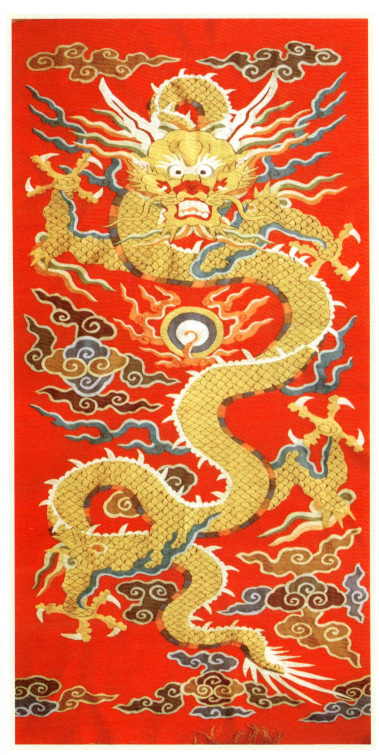

图1-30　大红蟒纹织金缂丝

图1-31　大红蟒纹织金缂丝细部

织品12　大红蟒纹织金缂丝（图1-30，图1-31细部），规格：81厘米×148厘米。此缂丝织品为近代仿明代作品，经向用的是仿古丝线，纬向则是大红丝线与经线平纹交织成大红地。另有12种彩色纬线和圆金线织显主要图纹，其中主体蟒纹则用双股金线并排织成，金光四溢。纵观整个画面，轮廓清晰，线条流畅，色彩丰富，幅面较大，尽显张扬之气，是缂丝壁挂艺术中的佳作。

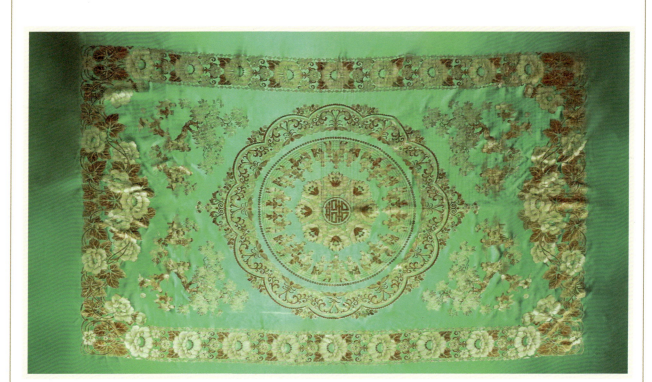

图1-32　民国百子图大富贵织锦被面

织品13　民国百子图大富贵织锦被面（图1-32，图1-33、图1-34、图1-35、图1-36局部），规格：200厘米×135厘米。附原包装纸（图1-37）。这是一条20世纪40年代由苏州大中丝织厂设计生产，上海千里和记绸庄独家经营的大富贵织锦被面，一经问世就十分畅销。究其原因，一是用料讲究，经向用优质桑蚕丝，纬向用进口染色人造丝；二是工艺精湛，织锦被面采用110根以上经密，纬向为咖啡色、白色二色纬，用2×2梭箱顺打引纬，纬密纹每厘米74梭，二重纬组织，因此被面的视觉效果上佳，绿色缎面厚亮，花和人物图案清晰细腻，手感滑糯；三是图纹采用了既经典传统又充满意趣的百子嬉戏图，图中既有硕大肥厚的牡丹花寓意富贵，又有近百个正在玩耍的孩童，有的围圈而舞，有的爬树滑梯，有的看书，有的踢球，一派生气盎然之趣，同时又寓意多子多福，与中国人的传统意识吻合；四是规格大，织此被面需提花纹版上万张，提花纹针1500针以上，十分不易。因此，此被面成为当时十分抢手的高档家用床品，直至20世纪80年代苏州东吴丝织厂仿制成功后又继续生产了二三十年之久。

另外值得一提的是，从"大富贵百子被面"的销售方式看，也反映了当时产销合作的特色，由当时著名商家千里和记绸庄独家经营，既体现了产品的档次和销路，又为苏州厂家源源不断生产提供了支撑，形成了工商联营、合作共赢的模式。

图1-33 民国百子图大富贵织锦被面局部(一)

图1-34 民国百子图大富贵织锦被面局部(二)

图1-35 民国百子图大富贵织锦被面局部(三)

图1-36 民国百子图大富贵织锦被面局部(四)

图1-37 民国百子图大富贵织锦被面原包装纸

图1-38 "广丰号·中华第一爱国织绸纯绒纱缎本厂"匹头料

资料 "广丰号·中华第一爱国织绸纯绒纱缎本厂"匹头料（图1-38，图1-39细部，图1-40原广告包装纸）这是一块黑色真丝缎的匹头料，珍贵之处在于头料上用多色人造丝织出了几个重要的文化信息：一是生产商的名号为"广丰号"；二是商标为瑞兽纹；三是带有明显爱国情感的"中华第一爱国织绸纯绒纱缎本厂"字样。这不仅反映了厂家生产的产品为绸、绒、缎，更是打出了"第一爱国"这样带有强烈宣传作用的口号。据查，广丰号为民国时期坐落在广州市忠佑大街城隍庙的一家绸缎庄。这既反映了民国时期中国丝绸人号召国人抵制外来舶品、购买国货的情景，也反映了丝绸人爱国爱丝绸的深厚情结。

图1-39 "广丰号·中华第一爱国织绸纯绒纱缎本厂"匹头料细部

图1-40 "广丰号"原广告包装纸

第二章
民国时期的丝织像景艺术

第一节　中国丝织像景织物的兴起

像景织物是丝织人像、风景等的总称，它以人物、风景或名人字画、摄影作品为纹样，采用提花织锦工艺技术，一般由桑蚕丝和人造丝交织而成，属于织锦类熟织物。民国时期，像景织物曾被称作"照相织物"，现代则被称为"织锦画"或"丝织画"。

像景织物的主要使用价值在于观赏、装潢和收藏，它是原生艺术作品利用丝织工艺的再现。一直以来，由于丝绸独特的艺术效果和深厚的文化底蕴，丝织像景织物备受人们的喜爱，成为近现代中国丝绸艺术的主流产品之一。

以风景、字画为题材的丝织物，明清两朝已经在织锦缎、妆花织物和缂丝上出现，但数量很少，存世更少。其原因是那时的织锦为纯手工制作，大提花织造的工艺十分复杂，工序多，产量低，耗工费时，"寸锦寸金"，尽管织成之物非常漂亮，但是由于价格十分昂贵，只能成为极少数富贵人家享用的奢侈品，绝非寻常百姓可以享用。

进入民国时期，中国的丝绸业发生了一场深刻的变革，电力织机和提花装置、多梭箱装置逐步应用，促使丝织像景织物兴起和快速发展，改变了之前的状况。清末民初，欧洲、日本先进的丝织机械和技术、洋绸和人造丝开始大量进入中国，它们以其工业化产品价廉物美的优势冲击中国的丝绸市场，一度使国内的丝绸业受到重创，传统丝绸企业举步维艰。

以江、浙、沪三地为主的中国丝绸行业的有识之士，不甘落后挨打，逐步放弃土缫土织的手工生产方式，积极学习并引入国外先进的制丝、织造技术和装备，同时结合中国传统丝绸特有的工艺，努力开发新颖丝织品。由此，拉开了中国丝绸行业近代工业文明的序幕。从20世纪初起步到30年代，杭州、上海、苏州已经拥有电力织机近15000台，工厂化作业的缫丝厂、织绸厂不下几百家。标准统一的优质厂丝、品种繁多的真丝绸、层出不穷的真丝人造丝交织绸大批量投产，并外销到世界各地，使得中国的丝绸行业逐步跟上世界丝绸工业化的步伐，并逐渐融入世界经济活动。在这个丝绸业由手工向机械化转化的浪潮中，不少丝织厂同时配套引进了200～1000针的提花装置、多梭箱装置和纹制工艺技术，这就为工艺复杂的提花织物（如像景织物）的批量生产提供了基础条件和技术保证，也使丝织像景艺术产品这个既古老又现代的织锦品种得以逐步兴起和发展。

现代像景织物最初出现在欧洲。19世纪，法国人贾卡发明了用纹板控制式提花机，欧洲开始生产像景织物。后来，贾卡像景提花织机传入日本。民国早期，杭州袁震和丝绸厂和都锦生丝织厂开始购入并使用这种提花机。他们把欧洲、日本的像景织造技术与中国传统织锦工艺相结合，以西湖风景为图样，织造了中国第一批黑白丝织像景画，如杭州袁震和丝绸厂织制的《平湖秋月》（图2-1，图2-2）、杭州都锦生丝织厂织制的《九溪十八涧》（图2-3）等，并投入小批量生产，获得成功。由于像景织物在国内外市场上十分畅销，杭州国华丝织厂、启文丝织厂，苏州大中丝织厂，以及上海、山东各地的丝织厂纷纷效仿，加入了生产像景丝织物的队伍，并逐步形

图2-1 《平湖秋月》黑白丝织像景画（杭州袁震和丝绸厂制，资料）

图2-2 《平湖秋月》落款"杭州袁震和制"

图2-3 《九溪十八涧》黑白丝织像景画（杭州都锦生丝织厂制，资料）

成了具有中国特色、代表中国织锦工艺技术水平和艺术效果的丝织像景画大类品种，且形成了一个畅销国内外市场的丝绸专门产业。

第二节 民国时期丝织像景工艺技术

在技术装备方面，手工吊综改成机械提花龙头后，其吊综针数由最初的200针发展到20世纪40年代的1000多针、50年代初的2000多针，使得独幅画面的幅宽逐渐加大。投梭改进为多梭箱投梭后，重纬及多重纬、多色彩丝机械织锦得以实现，纹制工艺保证了纬浮点的精度和数量，使得纹样明度和色彩实现了无级过渡，层次更加丰富多彩。

在织物组织结构方面，最初的丝织像景画织物一般采用白色经线与黑白两组纬线交织，以白经与白纬交织成白色缎地组织，而黑纬以二重纬结构交织其间，黑纬的浮点则形成画面所需表现风景、人物轮廓的明暗层次。以后逐步发展形成的色织五彩织锦则采用多重纬法，产生了精美多彩的艺术效果。

在纤维应用方面，巧妙利用桑蚕丝和人造丝的不同光泽，多彩多色阶的色丝给织物带来更加绚丽丰富的效果。用两种不同色彩的丝线拼捻成间色丝来处理画面的细微效果，更加凸显了像景的艺术感。

在市场营销方面，批量化生产大大降低了像景织锦物的制造成本，使原本只能极少数贵族享用的奢华之物，终于走向大众化的消费市场。虽然相对于普通丝绸而言，丝织像景的成本要高得多，但已被当时大城市的中高消费人群和外商广泛用于艺术观赏、厅堂装潢和礼尚往来，成为十分时尚的高档丝织工艺品。从此，中国的丝织像景画畅销海内外，传承至今，经久不衰。

第三节 民国时期丝织像景艺术特征

在艺术表现方面，民国初期主要是黑白像景。以本白色真丝缎地为主，黑色人造丝织点构画出各种层次丰富的画面，很有老照片的韵味。之后出现了用纺织颜料在黑白像景上填颜色的黑白填彩像景画，到多梭箱投梭技术出现后，杭州都锦生丝织厂率先开发出五彩丝织像景织物。色织五彩像景织物主要通过各种纬色线及多重纬结构的浮沉显色，构成色彩变化和明暗层次，使得

图纹更加精细和绚丽多彩,艺术效果更加突出。1926年,都锦生丝织厂织造的唐伯虎《宫妃夜游图》五彩像景,在美国费城国际博览会上获得金奖,被誉为"东方艺术之花"。民国时期的五彩像景由于工艺繁复,生产效率低,当时的产量很少,故尤显珍贵。

在图案纹样方面,民国时期织造的像景画面丰富多彩,大致有以下几个方面:风景摄影、名胜古迹、人物肖像、名人书画、活动纪念、西洋风情等。从藏品实物留下的文化信息分析,当时的丝织像景画主要通过订单加工出口和礼品市场内销以及收藏等渠道销往国内外市场,受到海内外顾客的欢迎,从而促进了像景丝织物的持续发展。

民国时期,中国丝绸行业基本完成了工业化,丝织像景艺术品随之兴起。虽然欧洲和日本等在织物生产方面起步较早,但是没有形成大的规模。而中国的丝织像景织物则由于具有深厚的文化底蕴和高超的传统织造技术的优势,反而后来居上,形成了丝织艺术品中一个独特的大类产品,畅销国内外市场近百年,至今不衰。这既是中国丝绸业创造性劳动的丰硕成果,也是中国传承和发展丝绸文化的一个成功范例。

第四节　民国时期丝织像景艺术赏析

笔者收藏了一批民国时期(1912—1949)丝织像景画作品。经分析归类后认为,这一时期的丝织像景织物有以下几个显著特点:一是作品幅宽较小,一般在10~28厘米之间,这是由于当时提花机的针数一般在1500针以内。以每厘米50根经线的密度来计算,最大不超过30厘米,若密度在每厘米80~100根经线,则幅宽只能在15~20厘米。幅长方面一般在120厘米以内,这是因为理论上长度可以无限度,实际上以每厘米50根经线的密度计算,120厘米就需要6000张纹板,同时在幅宽一定的情况下,幅长也受到限制。二是作品的色彩表现主要是黑白和黑白填彩(或彩绘)两种,极少有真正意义上的彩色丝色织的五彩织锦。这是因为机械多梭箱装置的局限,一般只能用1×2或2×2梭箱,尚可保持织机连续运转,纬向黑白二色,构成二重纬组织结构。若要织入三色以上的色线,则必须人工换纬,这样又回到半手工,工费成本太高。三是纤维使用上,一般只用白色桑蚕丝做经线,纬向则采用一股桑蚕丝(本白色)和一股黑色人造丝(人造丝在当时都为国外进口)或黑色桑蚕丝。彩色人造丝只有少部分使用。四是织物的组织结构相对比较简单,一般作品都采用二重纬,平、斜、缎基本变化组织就可以满足纬黑白上浮显现图画的要求,极少采用一些比较特殊的组织(如图2-82的孙中山遗像织品中,在局部采用了变化组织以表现质感)。五是民国以来的丝织像景画织物存世量不多,品相完好的更少,这是由于丝织像景画多用作挂件挂于墙上,易受潮,难保存,故这一时期的精品具有较高的收藏研究价值。

以下按画面反映的内容归类,分别精选部分艺术藏品以供赏析。

1. 反映风景摄影作品的丝织画

20世纪初，西方的照相技术逐步进入我国，黑白摄影技术十分奇妙地将瞬间美景永远定格在一张照片上。如何用丝织工艺技术把照片上的图纹织制下来，供人观赏收藏，成为丝织艺人的追求。照片的图纹与传统图案的重要区别在于：照片的明暗过渡是渐变的、无级过渡的，而传统图案基本上是用块面和线条组成的，因此丝织成像的关键技术在于用无数黑色织浮点在白色绸面上形成鲜明对比、无穷的明暗变化。这组藏品完美地反映了我国第一代丝织像景画的工艺水平，虽略显粗糙，却有十足的老照片韵味和历史的沧桑感。

图2-4 《西子湖边淡妆浓抹》黑白丝织像景画

织品1 《西子湖边淡妆浓抹》黑白丝织像景画（图2-4，图2-5局部），规格：102厘米×29厘米。由杭州上海启文美术丝织厂织造。为民国早期所制，所用文字为繁体隶书（图2-5），画面为西湖沿岸亭台楼阁，游船摇曳，远处湖光山色，一派宁静致远风光。此织品应为20世纪二三十年代作品。

图2-5 《西子湖边淡妆浓抹》黑白丝织像景画局部

图2-6 《钱江平眺》黑白丝织像景画

织品2 《钱江平眺》黑白丝织像景画（图2-6），规格：25厘米×45厘米。由杭州国华美术丝织厂监制。这是一幅站在钱塘江畔拍摄的江面风景照。在画面左下方织有"国华"的商标，画面下方织有英文和中文的简述，是民国早期作品。

织品3 《西湖贤祠亭》黑白丝织风景画（图2-7），规格：40厘米×26厘米。在画的左方，除了织有英文说明外，还织有数字"1936"，表明这幅丝织画的织制年代为1936年。

图2-7 《西湖贤祠亭》黑白丝织风景画

图2-8 《曲院风荷》黑白丝织风景画

织品4 《曲院风荷》黑白丝织风景画（图2-8），规格：19.5厘米×15厘米。由杭州都锦生丝织厂监制。此画虽小，但表现的黑白层次较为丰富，近树远山，塔影桥身，游船倒影，自然古朴。为都锦生丝织厂早期风景画精品。

图2-9 《湖滨晚翠》黑白丝织风景画

织品5 《湖滨晚翠》黑白丝织风景画（图2-9），规格：25厘米×42厘米。由杭州国华美术丝织厂监制，织造时间为1934年（图2-10）。

图2-10 《湖滨晚翠》黑白丝织风景画局部

第四节 民国时期丝织像景艺术赏析

图2-11 《孤山放鹤》黑白填彩丝织风景画

织品6 《孤山放鹤》黑白填彩丝织风景画（图2-11），规格：56厘米×40厘米。这幅由杭州国华美术丝织厂监制的丝织画有两个特点：一是幅宽较大，画面达38厘米，其提花针数超过1500针，这在当时是非常少见的。二是使用填彩工艺，虽经七八十年时间，红、黄、蓝、绿各色仍然鲜艳。

图2-12 《柳浪闻莺》黑白填彩丝织风景画

织品7 《柳浪闻莺》黑白填彩丝织风景画（图2-12），规格：18厘米×14厘米。由浙杭都锦生丝织厂监制。此幅作品虽尺寸较小，却是都锦生丝织厂早期作品，应是20世纪二三十年代的产物，比较珍贵。

图2-13 《涵映波光》黑白填彩丝织风景画

织品8 《涵映波光》黑白填彩丝织风景画（图2-13），规格：27厘米×20厘米。由杭州上海启文美术丝织厂织造。

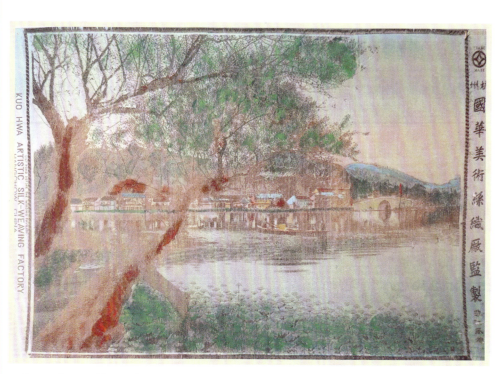

图2-14 《曲院风荷》黑白填彩丝织风景画

织品9 《曲院风荷》黑白填彩丝织风景画（图2-14），规格：30厘米×20厘米。此幅作品与图2-8表现同一个题材，但有两处不同：一是规格不同；二是填彩工艺不同。

图2-15 《断桥残雪》黑白填彩丝织风景画

织品10 《断桥残雪》黑白填彩丝织风景画（图2-15），规格：28厘米×20厘米。由杭州上海启文美术丝织厂织造。

图2-16 《苏堤春晓》黑白填彩丝织风景画

织品11 《苏堤春晓》黑白填彩丝织风景画（图2-16），规格：26厘米×41厘米。由杭州国华美术丝织厂监制。

图2-17 《归去来兮》黑白填彩丝织风景画

图2-18 《归去来兮》黑白填彩丝织风景画收藏章

织品12 《归去来兮》黑白填彩丝织风景画（图2-17），规格：21厘米×17.5厘米。由杭州西湖美术织造厂织制。此幅作品画面虽小，却有特色：其一为西湖美术织造厂所制，商标俱全，面世产品很少，颇珍贵。其二画面艺术效果极佳，透视关系、静态与动态都处理得相当到位，小桥流水、枯树晚霞以及披蓑衣的渔夫构成了一片动人的田园风光。其三，作品的右下角有一罗姓人士的印章，应是一枚收藏章（图2-18），证明当时上佳的丝织像景精品已成为一种艺术品而被收藏。

图2-19 《霓羽春嬉》黑白填彩局部色织风景画

图2-20 《霓羽春嬉》背面细部

织品13 《霓羽春嬉》黑白填彩局部色织风景画（图2-19），规格：27厘米×47.5厘米。这是一幅由国华美术丝织厂于1939年监制生产的作品。其主要工艺特点表现在除整体画面采用黑白填彩工艺外，在鹅的羽毛、嘴和脚这几处分别采用白色和中黄色纬丝织出，而且是采用分区纬织法（图2-20），使白鹅的羽毛更加洁白明亮，嘴和脚的黄色更加富有质感。这一小小变化，就反映了当时技术水平的提高，需要采用三色重纬组织结构和局部手工引纬方法才能完成，增加了成本，但突出了画面的艺术效果。作品具有相当的收藏和研究价值。

2. 反映祖国各地著名旅游胜地的丝织画

作为民国时期高档而时尚的艺术品，丝织像景画得到了全国各地著名旅游景区的认可和欢迎。从以下精选的九幅作品来看，杭州的丝织像景画当时在全国具有一定的销量。

图2-21 《万里长城》黑白填彩丝织画

织品14 《万里长城》黑白填彩丝织画（图2-21），规格：19厘米×13.5厘米。由杭州上海启文美术丝织厂织造。长城又称万里长城，气势磅礴、规模宏伟，融汇了中华民族的智慧、意志和力量。长城是一座稀世珍宝，也是艺术价值非凡的文物古迹，距今已有2000多年的历史。长城犹如一条巨龙绵伏在祖国辽阔的土地上，它是古代中国人民创造的一个世界奇迹。

图2-22 《辽宁北陵》黑白丝织风景画

织品15 《辽宁北陵》黑白丝织风景画（图2-22），规格：20厘米×28厘米。由杭州都锦生丝织厂织造。此品存世较少。"北陵"即清昭陵，是清朝第二代君主太宗皇太极和孝端文皇后博尔济特氏的陵墓，也是清朝"关外三陵"中规模最大的一座，位于沈阳（盛京）古城北十华里，故称北陵。

丝绸艺术赏析 SILK ART APPRECIATION

图2-23 《嘉定文星阁》黑白填彩丝织风景画

　　织品16　《嘉定文星阁》黑白填彩丝织风景画（图2-23），规格：18厘米×14厘米。由杭州上海启文美术丝织厂织造，制作时间应在20世纪三四十年代。嘉定现为上海的一个区。

图2-24 《虎丘胜景》黑白丝织风景画正面

图2-25 《虎丘胜景》黑白丝织风景画背面

织品17 《虎丘胜景》黑白丝织风景画（图2-24正面，图2-25背面），规格：20厘米×15厘米。此作品由杭州上海启文美术丝织厂织造。在其右侧还有一行介绍文字：虎丘胜景，虎丘山名胜在江苏苏州阊门外，古迹颇多。此作品十分少见而显珍贵。

图2-26 《波横宝带》黑白填彩丝织风景画

织品18 《波横宝带》黑白填彩丝织风景画（图2-26），规格：20厘米×15厘米。由杭州上海启文美术丝织厂织造。宝带桥位于苏州市吴中区，东傍京杭大运河，跨澹台湖西口，全桥用金山石筑成，长316.8米，有53孔，两端有石塔、碑亭，始建于唐代，是我国现存古桥中最长的多孔石桥，与卢沟桥、赵州桥等合称中国十大名桥。

图2-27 《绍兴东湖》黑白丝织风景画

织品19 《绍兴东湖》黑白丝织风景画（图2-27），规格：40厘米×21.5厘米。由浙杭西湖美术织造厂织制。该作品十分少见，原因一是西湖美术织造厂的像景产品不多；二是介绍绍兴地方风景的作品更少；三是作品左下角印有收藏章，为"罗氏"收藏品（图2-28）。东湖位于绍兴城东箬篑山麓，由于历经开山取石，经千年鬼斧神凿，形成悬崖峭壁、奇潭深渊，宛如天开，景色奇绝，号称"天下第一水石盆景"。

图2-28 《绍兴东湖》黑白丝织风景画收藏章

图2-29 《秦淮泛棹》黑白填彩丝织风景画

织品20 《秦淮泛棹》黑白填彩丝织风景画（图2-29），规格：20厘米×15厘米。由杭州上海启文美术丝织厂监制。画面反映的是民国时期南京旅游胜地秦淮河畔夫子庙风景，这里曾是集名胜、古迹、园林、画舫、市街、楼阁、民俗于一体的六朝古都南京最繁华热闹的风光地带。

图2-30 《飞霞洞》黑白填彩丝织风景画

织品21 《飞霞洞》黑白填彩丝织风景画（图2-30），规格：41厘米×28厘米。由杭州都锦生丝织厂监制。飞霞洞位于广东清远飞来峡上游，四面环山，建筑群雄伟壮观，气势浩大。每当雨后，紫霞之气从山坳腾升，缥缈殿宇上空，故谓"飞霞"。寺宇之中供奉神像颇多，形态生动，是岭南地区最大的"三教合一"的宗教场所。

图2-31 《灌县伏龙观》黑白填彩丝织风景画

织品22 《灌县伏龙观》黑白填彩丝织风景画（图2-31），规格：27厘米×20厘米。由杭州上海启文美术丝织厂织造。灌县即今四川省都江堰市，为国家历史文化名城，分布众多名胜古迹，伏龙观为其中一景。为纪念传说中李冰父子治水时制服岷江孽龙、锁其于伏龙潭中而建立祠观，为道教场所。

3. 反映北京名胜的丝织风景画

这是一组反映北京（民国时期称北平）名胜古迹的风景丝织画藏品，主要工艺还是采用黑白二重纬和填彩工艺。

图2-32 《北平万寿山》黑白填彩丝织风景画

图2-33 《北平万寿山》黑白丝织风景画

织品23　《北平万寿山》黑白填彩丝织风景画（图2-32），规格：118厘米×26.5厘米。由杭州国华美术丝织厂监制。

织品24　《北平万寿山》黑白丝织风景画（图2-33），规格：80厘米×20厘米。由杭州国华美术丝织厂监制。

图2-34 《北海白塔》黑白丝织风景画

织品25 《北海白塔》黑白丝织风景画（图2-34），规格：38厘米×25.5厘米。由杭州国华美术丝织厂监制。

图2-35 《颐和园清宴舫》黑白填彩丝织风景画

织品26 《颐和园清宴舫》黑白填彩丝织风景画（图2-35），规格：41厘米×27厘米。由杭州上海启文美术丝织厂织造。本作品的左方自上而下织一行字：颐和园石舫，舫名清宴，白石筑成，五色玻窗，登临浏览，佳景宜人。注解点题，十分贴切，传世很少。

图2-36 《北平万寿山颐和园全景》黑白填彩丝织风景画

织品27　《北平万寿山颐和园全景》黑白填彩丝织风景画（图2-36），规格：85厘米×20厘米。由中华民国都锦生丝织厂监制。本作品构图新奇，颐和园主要胜迹一览无余，而且色彩艳丽，效果醒目。

图2-37 《北海公园》黑白填彩丝织风景画

织品28　《北海公园》黑白填彩丝织风景画（图2-37），规格：29厘米×19.5厘米。落款为"中华民国都锦生丝织厂监制"。

图2-38 《颐和园西城阁》黑白丝织风景画

织品29 《颐和园西城阁》黑白丝织风景画（图2-38），规格：21厘米×27厘米。

织品30 《颐和园排云门铜狮》黑白填彩丝织风景画（图2-39），规格：45厘米×29厘米。落款为"中华民国都锦生丝织厂监制"。

图2-39 《颐和园排云门铜狮》黑白填彩丝织风景画

图2-40 《北平靖楼》黑白填彩丝织风景画

织品31 《北平靖楼》黑白填彩丝织风景画（图2-40），规格：27厘米×41厘米。

丝绸艺术赏析 SILK ART APPRECIATION

图2-41 《北平西城古塔》黑白填彩丝织风景画

织品32 《北平西城古塔》黑白填彩丝织风景画（图2-41），规格：27厘米×41厘米。

图2-42 蓝色印章盖印

织品31、织品32的特别之处是作品的落款不是通常用黑字织出，而是用蓝色印章盖印（图2-42）：香港启文丝织厂织造。很有可能是当时杭州启文美术丝织厂实体在香港，据说还有武汉、广州等大城市设立的销售分公司，为方便营业使用此落款形式。

图2-43 《北平北海白塔》黑白填彩丝织画

织品33 《北平北海白塔》黑白填彩丝织画（图2-43），规格：30厘米×20厘米。落款为"中华民国都锦生丝织厂监制"。

4. 反映杭州名胜古迹的丝织风景画

由于中国的丝织像景织物率先在杭州兴起，最早由"袁震和"、"都锦生"两家丝织厂起步，之后"国华"、"华盛"、"西湖"等企业纷纷跟上。又因为杭州本身就是一个具有悠久历史和丝绸文化的名城，名胜古迹、旅游景点众多，再加上杭州西有西湖名山、南临钱塘江，风光秀丽，美似天堂，为人向往，因此，大量描绘杭州和西湖美景风光的丝织风景画纷纷开发上市，并受到祖国各地、各界人士的喜爱。从笔者多年收集的藏品看，这个题材的丝织作品在全国各地都有出现，不少还带有原框、贺词和落款。到20世纪三四十年代，苏州、上海的一些丝织企业也加入到织造像景画的行列，如苏州大中丝织厂、上海锦艺丝织厂等。下面精选20余幅描述杭州美丽风光的丝织风景画藏品，以供欣赏。

(1) 由都锦生丝织厂织造的作品

图2-44 《西湖孤山探梅》黑白丝织风景画

织品34 《西湖孤山探梅》黑白丝织风景画（图2-44），规格：20厘米×15厘米。

图2-45 《西湖三潭印月》黑白丝织风景画

织品35 《西湖三潭印月》黑白丝织风景画（图2-45），规格：20厘米×15厘米。

图2-46 《西湖宝叔塔》黑白丝织风景画

织品36 《西湖宝叔塔》黑白丝织风景画（图2-46），规格：42.5厘米×26.5厘米。

图2-47 《西湖断桥残雪》黑白丝织风景画

织品37　《西湖断桥残雪》黑白丝织风景画（图2-47），规格：29.5厘米×20厘米。

织品38　《西湖平湖秋月》黑白填彩丝织风景画（图2-48），规格：40厘米×27厘米。

以上五幅丝织风景，均为都锦生民国早期的作品，虽然幅面不大（受到提花针数的限制），但意匠纹制的水平很高，表现为画面的构图、层次、形态等艺术效果非常好，有较高的艺术欣赏价值。

图2-48 《西湖平湖秋月》黑白填彩丝织风景画

图2-49 《西湖全景》黑白填彩丝织风景画

织品39 《西湖全景》黑白填彩丝织风景画（图2-49），规格：27厘米×121厘米。本件藏品亦为杭州都锦生丝织厂民国早期所制。按经纬密度计算，提花针数应达2000针左右，纬向应用纹板近8000张（一张纹板完成一次提花、一次开口投纬），这在当时的设备条件下可称为巨作，十分不易。这件藏品由于保存不妥，局部画面受潮腐烂严重，但画面大体完整，旧时西湖风光的全貌一览无余。

（2）由国华美术丝织厂生产的作品

图2-50 《鸳湖三塔》黑白丝织风景画

图2-51 《瑞王宝叔塔》黑白丝织风景画

织品40 《鸳湖三塔》黑白丝织风景画（图2-50），规格：58厘米×42.5厘米。

织品41 《瑞王宝叔塔》黑白丝织风景画（图2-51），规格：25.5厘米×43厘米。

图2-52 《西湖雷峰塔》黑白丝织风景画

织品42 《西湖雷峰塔》黑白丝织风景画（图2-52），规格：34厘米×23厘米。落款为"杭州国华棉织厂丝织部监制"。

丝绸艺术赏析 SILK ART APPRECIATION

第二章 民国时期的丝织像景艺术

图2-53 《云栖竹径》黑白填彩丝织风景画条屏　　图2-54 《西湖雷峰塔》黑白填彩丝织风景画条屏　　图2-55 《瑞王宝叔塔》黑白填彩丝织风景画条屏

　　织品43　《云栖竹径》黑白填彩丝织风景画条屏（图2-53），规格：84厘米×20厘米。
　　织品44　《西湖雷峰塔》黑白填彩丝织风景画条屏（图2-54），规格：84厘米×20厘米。
　　织品45　《瑞王宝叔塔》黑白填彩丝织风景画条屏（图2-55），规格：84厘米×20厘米。

(3）由杭州上海启文美术丝织厂生产的作品

图2-56《苏堤春晓》黑白填彩丝织风景画

织品46 《苏堤春晓》黑白填彩丝织风景画（图2-56），规格：28厘米×20厘米。左侧织有"浙江杭州西湖十景之一"。

织品47 《西湖放鹤亭》黑白丝织风景画（图2-57），规格：20.5厘米×14厘米。下方织有"西湖放鹤亭在浙江杭州西湖孤山"，十分罕见。

图2-57 《西湖放鹤亭》黑白丝织风景画

图2-58 《杭州六和塔》黑白填彩丝织风景画

织品48 《杭州六和塔》黑白填彩丝织风景画（图2-58），规格：21厘米×14.5厘米。

织品49 《古塔玲珑》黑白填彩丝织风景画（图2-59），规格：28厘米×20.5厘米。

图2-59 《古塔玲珑》黑白填彩丝织风景画

图2-60 《南屏晚钟》黑白填彩丝织风景画

织品50 《南屏晚钟》黑白填彩丝织风景画（图2-60），规格：20厘米×15厘米。

图2-61 《杭州西湖内湖全景》黑白填彩丝织风景画

织品51 《杭州西湖内湖全景》黑白填彩丝织风景画（图2-61），规格：116厘米×26厘米。落款为"汕头启文丝织厂"，原框收藏，框上有启文厂牌，框内有价格票据：计大洋八元八角（图2-62），按当时大洋价值约为一般职员1个月薪水，可见丝织像景画在民国时期的价格不菲。

图2-62 价格票据

织品52 《三潭印月》黑白丝织风景画（图2-63），规格：21.5厘米×14.5厘米。

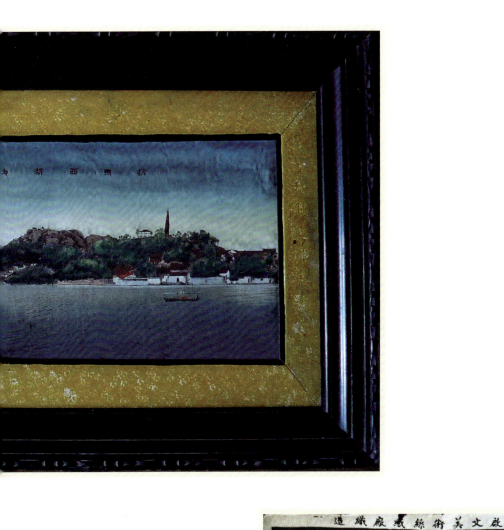

图2-63《三潭印月》黑白丝织风景画

（4）其他丝织厂生产的产品

图2-64 《西湖云栖竹径》黑白填彩丝织风景画

图2-65 《西湖万字亭》黑白填彩丝织风景画

　　织品53　杭州华盛丝织厂生产的春、夏、秋、冬四幅条屏（图2-64，图2-65，图2-66，图2-67），单幅规格：15厘米×38厘米。

图2-66 《水天一色》黑白填彩丝织风景画　　　　图2-67 《西湖灵隐瑞雪》黑白填彩丝织风景画

《西湖云栖竹径》《西湖万字亭》《水天一色》《西湖灵隐瑞雪》，此组为黑白填彩丝织风景画，取材于杭州著名风景，做成春、夏、秋、冬四幅小条屏挂于书房，别具一格，十分雅致，是难得的精品。

图2-68 《西湖灵隐冷泉亭》黑白填彩丝织风景画

图2-69 《西湖曲院风荷》黑白丝织风景画

织品54 《西湖灵隐冷泉亭》黑白填彩丝织风景画（图2-68），规格：28.5厘米×18.5厘米。落款为"中华民国杭州华盛丝织厂监制"，少见之物。

织品55 《西湖曲院风荷》黑白丝织风景画（图2-69）。规格：28.5厘米×22厘米。落款为"浙杭西湖美术织造厂制"。面世非常少，为民国早期作品。

5. 反映民国时期西湖博览会的丝织风景画

图2-70 《西湖博览会桥》黑白填彩丝织风景画（一）

图2-71 《西湖博览会桥》黑白填彩丝织风景画（二）

织品56　《西湖博览会桥》黑白填彩丝织风景画（一）（图2-70），规格：80厘米×17厘米。落款为"中华民国都锦生丝织厂监制"。

织品57　《西湖博览会桥》黑白填彩丝织风景画（二）（图2-71），规格：40厘米×10.5厘米。落款为"中国杭州华盛丝织厂监制"。

图2-72 《西湖博览会桥》黑白丝织风景画

织品58 《西湖博览会桥》黑白丝织风景画（图2-72），规格：26.5厘米×19厘米。由杭州上海启文美术丝织厂织造。

据查考，1929年举办的第一届西湖博览会是中国会展史上一次规模较大、影响深远的展销会。当时的筹办人员多达数千人，当年6月6日开幕到10月10日闭馆，历时128天，观众达10万余人。整个博览会设八馆二所三个特别陈列处。八馆为：革命纪念馆、博物馆、艺术馆、农业馆、教育馆、卫生馆、丝绸馆、工业馆；二所为：陈列所、参考陈列所；三个特别陈列处为：铁路陈列处、交通部电信所陈列处、航空陈列处。博览会的召开刺激了当时萧条的工商业，促进了社会经济的发展，也为以后的会展留下了宝贵的经验。为了办好展览，特地在西湖上搭建了临时通行的桥，称为西湖博览会桥，成为西湖上的一景。人们纷纷留影纪念，而丝织厂把这座有历史纪念意义的临时建筑迅速织进美丽的画面，作为博物馆开馆和活动的纪念礼品。此桥会后已拆除，而丝织风景画《西湖博览会桥》却成为珍贵的历史见证。

6. 描绘人物的丝织人像画

前面介绍的大量丝织风景画以描绘自然风光、名胜古迹为题材，这是民国时期丝织像景织物图纹的主流，而表现人物或人体的作品就比较少，传世的更少。笔者收藏的民国时期的人像丝织画有以下几幅。

图2-73 《健康美》黑白丝织西洋人体画

图2-74 《花前月下》黑白丝织西洋人体画

织品59　《健康美》黑白丝织西洋人体画（图2-73），规格：22厘米×28.5厘米。
织品60　《花前月下》黑白丝织西洋人体画（图2-74），规格：21厘米×33厘米。

图2-75 《亭亭玉立》黑白丝织西洋人体画

图2-76 《纯洁之孕》黑白丝织西洋人体画

织品61 《亭亭玉立》黑白丝织西洋人体画（图2-75），规格：29.5厘米×21厘米。

织品62 《纯洁之孕》黑白丝织西洋人体画（图2-76），规格：30厘米×21厘米。

这四幅由杭州上海启文美术丝织厂织造的描绘西洋女性人体艺术的丝织人像，画上没有英文，可见是内销产品。在旧时中国市场上出现如此前卫和开放的作品，十分罕见，表明了中西文化的交流和融合，因此藏品显得十分珍贵。

图2-77 《耶稣圣母》黑白填彩丝织人物画

图2-78 《耶稣圣母》左下角"N.G.LO"英文缩写

图2-79 《耶稣圣母》局部

织品63 《耶稣圣母》黑白填彩丝织人物画（图2-77），规格：40厘米×29厘米。落款为"中华民国都锦生丝织厂监制"，连带原框。描绘了圣母怀抱儿时耶稣的画面，油画风格，作品上织有中英文对照文字，左下角织有"N.G.LO"英文缩写（图2-78），应为LO姓氏外商订单生产。镜框是欧洲风格的原框，雕刻精美，亦衬托出丝织人像画的珍贵。同时，从丝织工艺的角度分析，能在当时的纹制条件下，把圣母抱子的神态、衣褶、明暗、线条、块面表现得如此传神（图2-79），实属不易。这是一件具有相当观赏和研究价值的丝织人像画精品。

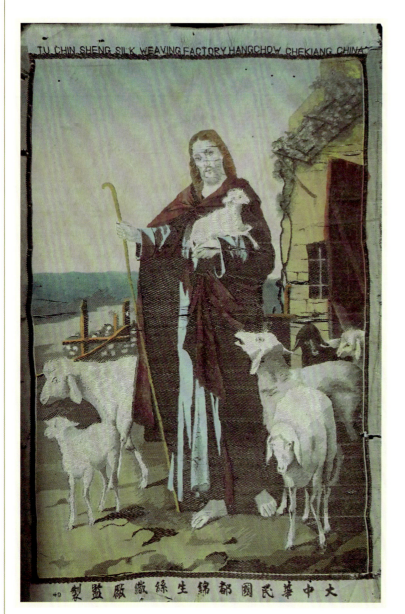

图2-80 《耶稣牧羊》填彩丝织加绣画

图2-81 "大中华民国"落款

图2-82 绣花工艺表现紫藤花

织品64 《耶稣牧羊》填彩丝织加绣画（图2-80），规格：20厘米×32厘米。此藏品有以下几个特点：一是仿西洋油画，题材少见；二是"大中华民国"的落款少见，应为民国早期所作（图2-81）；三是织物组织结构变化大，除黑白二重纬组织外，在人物头部和羊毛部分均采用特殊组织，表现了很好的质感；四是在右上角紫藤花部分则用绣花工艺表现紫藤花（图2-82），可见当时做工十分用心、精细。是一幅难得的织绣一体的丝绸艺术精品。

图2-83 《孙中山像》黑白丝织人像画

织品65 《孙中山像》黑白丝织人像画（图2-83），规格：36.5厘米×27厘米。这是一幅由浙杭都锦生丝织厂生产的革命先驱孙中山先生的半身像，织造时间应在1926年之前。从画面上看，孙中山先生的目光炯炯有神，气度非凡。藏品历经近百年，画面已多处破旧，倒也充满历史的沧桑感。

附注：孙中山（1866年11月12日—1925年3月12日），名文，字载之，号日新，又号逸仙，幼名帝象，化名中山，中国职业革命家、政治家。生于广东中山翠亨村农民家庭，是中国近代民主主义革命的先行者，中华民国和中国国民党创始人，"三民主义"的倡导者，首举"起共和而终帝制"的反封建、倡民主旗帜。1905年领导成立中国同盟会。1911年辛亥革命后被推举为中华民国临时大总统。1925年3月12日在北京逝世。

图2-84 《国民革命领袖孙中山先生遗像·遗嘱》黑白丝织人像画

图2-85 遗嘱全文

图2-86 画像局部

附孙中山遗嘱文字：

遗嘱　余致力于国民革命凡四十年其目的在求中国之自由平等积四十年之经验深知欲达到此目的必须唤起民众及联合世界上以平等待我之民族共同奋斗现在革命尚未成功凡我同志务须依照余所著之建国方略建国大纲三民主义及第一次全国代表大会宣言继续努力以求贯彻最近主张开国民会议及废除不平等条约尤须于最短期间促其实现是所至嘱　孙文

　　织品66　《国民革命领袖孙中山先生遗像·遗嘱》黑白丝织人像画（图2-84），规格：31厘米×19厘米。这是一幅十分珍贵的丝织人像画，是为悼念孙中山逝世而创作的，时间应在1925年至1926年间。作品有三个特点：一是从画面效果看，孙中山身着大总统制服，屹立在祖国大地上，下有遗嘱全文（图2-85），图文结合充分表现了伟人的形象和嘱咐，庄严肃穆，令人肃然起敬。二是从丝织工艺角度看，意匠纹制艺人通过设计不同的经纬丝组织结构和明暗织点的处理，把孙中山的神态表情、服饰质感处理得十分传神（图2-86），画面不大但遗嘱字迹清晰，是反映当时纹制织造极高水平的丝织人像画的精品。三是这类作品由于真丝保存困难，留存不多，尤显珍贵，是一件具有较高研究分析、艺术欣赏及收藏价值的丝绸传世精品。

7. 重现书画艺术的丝织像景织物

把中国的画作和书法用丝绸工艺表现，过去大多采用缂丝和刺绣工艺，也有采用重纬织锦工艺织制，如宗教题材的画面，但一般都用块面和线条表现，不用织点表现。纹板提花工艺则提高了用不同色彩和明度的织点来表现图纹的技术水平，民国以来的丝织像景织物基本采用这样的工艺和表现手法，使中国画和书法作品中无级过渡的色彩明暗变化变得柔和舒畅，并越来越精致。但丝织像景画在民国时期刚起步，反映国画和书法艺术的丝织像景画十分稀少，现有存世的更少。

图2-87 《鹤桃图》黑白填彩丝织花鸟画

图2-88 《鹤桃图》黑白填彩丝织花鸟画局部

织品67 《鹤桃图》黑白填彩丝织花鸟画（图2-87），规格：87厘米×19厘米。由杭州国华美术丝织厂监制。此织品以清代著名宫廷画家沈铨的工笔花鸟画为蓝本。沈铨，字衡之，号南苹，浙江湖州德清人，以工笔花鸟见长。本藏品织于1938年（图2-88），存世极少，颇为珍贵。

丝绸艺术赏析 SILK ART APPRECIATION

第二章 民国时期的丝织像景艺术

织品68 《吴观岱山水画》色织填彩丝织国画（图2-89），规格：27厘米×98厘米。本藏品为都锦生丝织厂早期的色织加填彩工艺的作品，非常有特点：一是纬向采用黑、白、浅黄三色人造丝，织物采用三重纬组织结构，比黑白二重纬更为复杂，纬向投梭需采用2×2走马梭引纬方式。二是在色织基础上采用填彩的方法，如画面上的红、黄、蓝、绿、赭等均为绘彩工艺。三是画面下方除织有都锦生商标和厂名外，还织了"五彩锦绣"四个字（图2-90），非常少见。说明当时对五彩锦绣的理解和今天我们理解的五彩锦绣不一样，当时的锦绣就是多彩织物之意，而不是五彩色织的概念。四是本作品篇幅较大，纬向门幅27厘米，经密80根/厘米左右，提花针数超过2000根，纵向长度98厘米，纬密80梭/厘米以上，则纹板数达8000张以上。这在20世纪30年代色织像景的起步阶段，可以讲是超大作品了，工艺技术非常领先。五是艺术效果方面，本画由于采用了色织、绘彩等多种工艺技术，使山水画的近物远景层次丰富，树、屋、人物立体感强（图2-91），充分表现了丝织山水人物画特有的风格和情趣。本藏品是丝织像景织物中具有相当工艺技术含量、艺术水平和研究价值的实物，弥足珍贵。

图2-89 《吴观岱山水画》色织填彩丝织国画

图2-90 《吴观岱山水画》色织填彩丝织国画局部

吴观岱（1862—1929），名宗泰，字念康，号洁翁，江苏无锡人。吴观岱工书善画，山水人物兼妙，尤擅画梅，为"江南四吴"之一。其山水作品意境开阔、苍健浑朴、别有情趣。

图2-91 《吴观岱山水画》色织填彩丝织国画细部

图2-92 《子昂百骏》黑白丝织画

图2-93 《子昂百骏》黑白丝织画局部

织品69 《子昂百骏》黑白丝织画（图2-92），规格：120厘米×27.5厘米。由杭州国华丝织厂监制。这是一幅根据元代大书画家赵孟頫(子昂)（图2-93）的百骏图织制成的丝织画，为民国早期作品。此幅作品有较高的织造难度：提花针数应在1500针左右，意匠制版应为10000张上下。是一幅存世稀少的丝织精品。

图2-94 《双虎图》色织填彩加绣丝织画

图2-95 《双虎图》色织填彩加绣丝织画局部

图2-96 《双虎图》色织填彩加绣丝织画背面

织品70 《双虎图》色织填彩加绣丝织画（图2-94），规格：25厘米×55厘米。由国华美术丝织厂监制。这幅双雄丝织国画异常珍贵：一是织有年款1934年（图2-95）；二是同时用两种织造工艺，一种为黑白填彩，另一种则在中间部分又用黑、白、黄、灰四色织造（图2-96），以强调老虎的毛色，说明30年代已开始运用3×3多梭箱；三是在老虎的眼、嘴、鼻处还用咖啡色线刺绣。整幅画面十分精细，追求完美效果，相当罕见。

丝绸艺术赏析 SILK ART APPRECIATION

图2-97 《昂然》填彩丝织画

织品71 《昂然》填彩丝织画（图2-97），规格：30厘米×20厘米。

图2-98 《醒狮》填彩丝织画

织品72 《醒狮》填彩丝织画（图2-98），规格：30厘米×20厘米。织品71和织品72均为杭州都锦生早期的丝织画作品，20世纪二三十年代制织，十分稀少珍贵。《昂然》中双鹤呈昂然挺立之势，彰显清高孤傲之气。《醒狮》明显地抒发了作者的忧国爱国之情，很有研究和欣赏的价值。

8. 本色提花填彩的丝织花鸟画

民国后期出现了一种十分特别的丝织画，其主要工艺是先用本色真丝纤维织出花鸟的独花图案，然后在相应图案上绘上画面所需的色彩，形成一幅织与画相结合的漂亮的丝绸画，有时还织有相应的英文。此种工艺的丝织画只在民国后期短暂出现，面世极少，以后也未见发展。

图2-99 《牡丹与鹰》本色提花填彩丝织花鸟画

织品73 《牡丹与鹰》本色提花填彩丝织花鸟画（图2-99），规格：95厘米×38厘米。落款为"杭州时代织绣厂"出品。

图2-100 《松龄鹤寿》本色提花绘彩丝织花鸟画

织品74 《松龄鹤寿》本色提花绘彩丝织花鸟画（图2-100），规格：38厘米×55厘米。采用先织本白色独花，然后填绘上色彩的工艺，形成织绘一体的艺术效果。落款为"杭州时代锦绣厂监制"（图2-101）。

图2-101 《松龄鹤寿》本色提花绘彩丝织花鸟画局部

第三章
新中国建立初期的丝织像景艺术

第一节 丝绸业的恢复和发展

新中国成立后，百废待立，百业待兴。中国丝绸行业经历了战乱带来的低潮后，在中国共产党和各级政府的领导下，重新走上了复兴之路。

这一时期丝织像景织物的发展又可分为两个阶段。

第一阶段为丝绸业的恢复期。从新中国建立（1949年）到"对私改造"全面完成（1957年），在这短短的七八年里，通过"私私联合"和"公私合营"两大步，政府把原来旧社会留存下来的分散的中小型、家庭作坊式的缫丝、织造及其配套企业，逐步归并组合成较大规模的国营、集体性质的大中型丝绸企业，纳入社会主义计划经济的管理体制，使得生产和内外销经营得到恢复性的提高。以苏杭地区的绸缎产量为例，1957年比1949年均有四五倍的增长，外贸出口的增长更快。

第二阶段为计划经济初期（1958—1966）。由于丝绸业具有生产链较长的特点，包括栽桑、养蚕、烘茧、缫丝、织造、印染整理等过程，经营上分内销和对外出口，所以在计划经济体制内，丝绸业实行了业务上条线计划管理和行政上政府分级管理的"条块结合"管理模式。在这一阶段中，丝绸业的技术装备条件得到较大改善，大量木机被淘汰，行业机械化程度不断提高，尤其在1962—1966年，生产和内外销均有较快的发展。

1949—1956年，这一阶段生产丝织像景织物的企业很多，如杭州的"都锦生"、"启文"、"华盛"等，苏州的"大中"、"东吴"和上海的"锦艺"等，还出现了由小作坊合并起来的"合作

期，苏、杭两市试制出4×4等多梭箱自动换梭装置，半手工提花作业方式才逐步被自动织制工艺所替代。

第二节 新中国建立初期丝织像景织物的特征与分类

从新中国建立到60年代前期，丝织像景画以其独特的艺术风格和丝绸文化内涵，一直为国内外各界人士所喜爱。织锦艺人根据像景织物不同的用途和要求，精心创作设计，意匠纹制，织造出成千上万图案丰富、色彩缤纷、赏心悦目的织锦艺术作品，为世人所称道。从笔者收藏的新中国建立初期的大量像景织物看，在工艺上基本延续了以往的三种形式：黑白像景、黑白填彩像景和色织五彩像景（见图3-1《周恩来》丝织画），但在意匠纹制和艺术表现水平上有很大的提高和发展，表现为黑白织人物画像时明暗过渡和层次更丰富和精细；色织多彩独幅独花的织锦艺术水平趋向成熟；传统的多重纬组织结构的处理和长、短跑结合的引纬方式被广泛应用，提高了丝织多彩像景画的艺术表现力。

在图案内容上，这一时期呈现出百花齐放的态势，大致可以分为以下几类：（1）人物形象类；（2）风景名胜类；（3）名人书画类；（4）其他类。其中人物形象又分领袖、伟人、名人等。这些珍贵的丝织艺术画，不仅充分体现了织锦的高超技艺和丝织匠人的聪明才智，而且把像景织物的艺术表现水平提高到一个新的境界，被当时各级政府、单位以及个人作为互相馈赠、体现中国丝绸文化的高档礼品，挂在厅堂雅室，进行观赏、交流和收藏。

图3-1 《周恩来》丝织画

社"企业。而1957年以后，丝织像景织物的生产就基本集中在杭州都锦生丝织厂和苏州东吴丝织厂等少数以织锦见长的丝织企业。

在这段时期，用于织制像景织物的提花工艺技术也有了较大的改进和提高。20世纪50年代，织锦生产基本上处于半手工状态，其中意匠纹制、换纡换梭、折纬补档等全靠手工作业。一幅较大的织锦织物从设计纹样到画意匠图，再到轧制纹板、造机（俗称"造家伙"，即提花机械下连接龙头和经线起吊的装置），最后到经纬原料准备、上机织造生产，少则几个月，多则一两年，十分繁复，而且效率低下。直到60年代前

第三节 新中国建立初期丝织像景艺术赏析

1. 人物形象类

新中国成立后不久，人民怀着对新生活的美好憧憬、期望和对领袖人物的崇敬，随着织制像景画工艺技术的提高，各地有能力的丝织厂纷纷织造以毛泽东主席为主的领袖形象，其中有如下作品：

（1）各种版本的毛泽东主席像

图3-2 《毛泽东》黑白填彩丝织画像（一）

图3-3 《毛泽东》黑白填彩丝织画像（二）

织品1 《毛泽东》黑白填彩丝织画像（一）（图3-2），规格：9厘米×15厘米。由杭州都锦生丝织厂织造。

织品2 《毛泽东》黑白填彩丝织画像（二）（图3-3），规格：9厘米×15厘米。由杭州景华丝织厂织造。

图3-4 《毛主席在飞机中工作》黑白填彩织红字丝织画像

织品3 《毛主席在飞机中工作》黑白填彩织红字丝织画像（图3-4），规格：19厘米×16厘米。由苏州东吴丝织厂织造。

织品4 《毛泽东》红色像蓝色字丝织画像（图3-5），规格：14厘米×9厘米。由苏州市丝织生产合作社织造。

图3-5 《毛泽东》红色像蓝色字丝织画像

（2）由杭州都锦生丝织厂织造的黑白丝织伟人像一组（单幅规格：50厘米×72厘米）

图3-6 《马克思》黑白丝织人像画

图3-7 《恩格斯》黑白丝织人像画

织品5　《马克思》黑白丝织人像画（图3-6）。
织品6　《恩格斯》黑白丝织人像画（图3-7）。

图3-8 《列宁》黑白丝织人像画　　　　　　　图3-9 《斯大林》黑白丝织人像画

　　织品7　《列宁》黑白丝织人像画（图3-8）。
　　织品8　《斯大林》黑白丝织人像画（图3-9）。

图3-10 《孙中山》黑白丝织人像画

图3-11 《宋庆龄》黑白丝织人像画

织品9 《孙中山》黑白丝织人像画（图3-10）。
织品10 《宋庆龄》黑白丝织人像画（图3-11）。

图3-12 《毛泽东》黑白丝织人像画

织品11 《毛泽东》黑白丝织人像画(图3-12)。

图3-13 《刘少奇》黑白丝织人像画

图3-14 《周恩来》黑白丝织人像画

  织品12 《刘少奇》黑白丝织人像画（图3-13）。
  织品13 《周恩来》黑白丝织人像画（图3-14）。

图3-15 《朱德》黑白填彩丝织人像画

图3-16 《陈云》黑白填彩丝织人像画

织品14 《朱德》黑白填彩丝织人像画（图3-15）。
织品15 《陈云》黑白填彩丝织人像画（图3-16）。

图3-17 《邓小平》黑白丝织人像画　　　　　　　　图3-18 《董必武》黑白丝织人像画

　　织品16　《邓小平》黑白丝织人像画（图3-17）。
　　织品17　《董必武》黑白丝织人像画（图3-18）。
　　以上伟人们的丝织画像是1957年杭州都锦生丝织厂应上海丝绸公司订货要求开发研制的。伟人的精神和形象永远是人类的宝贵财富。这些作品运用高超的丝织工艺技术，忠实而生动地描绘出了20世纪50年代深受中国人民崇敬的伟人形象，逼真传神、立体感强，给人以强烈的视觉冲击力和心灵的震撼，成为人们心中永恒的记忆。

（3）由中国锦艺丝织厂织造、杭州流芳照相馆监制的黑白丝织伟人像一组

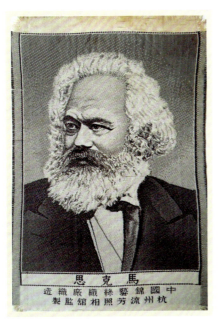

图3-19 《马克思》黑白丝织人像画

图3-20 《恩格斯》黑白丝织人像画

图3-21 《列宁》黑白丝织人像画

图3-22 《斯大林》黑白丝织人像画

图 3-23 《毛泽东》黑白丝织人像画

图 3-24 《周恩来》黑白丝织人像画

图 3-25 《朱德》黑白丝织人像画

图 3-26 丝织照片证明

织品 18　黑白丝织伟人像一组，分别为：《马克思》（图 3-19）、《恩格斯》（图 3-20）、《列宁》（图 3-21）、《斯大林》（图 3-22）、《毛泽东》（图 3-23）、《周恩来》（图 3-24）、《朱德》（图 3-25），藏品规格：10.5 厘米×16 厘米。这组由照相馆提供照片并设计效果，由丝织厂安排生产的丝织人物画印证了"丝织照片"的说法（图 3-26）。

（4）国外友人像

图3-27 《金日成》黑白丝织人像画

图3-28 《马林科夫》黑白丝织人像画

织品19 《金日成》黑白丝织人像画（图3-27），规格：10.5厘米×15.5厘米。

织品20 《马林科夫》黑白丝织人像画（图3-28），规格：10.5厘米×15.5厘米。

织品21 《皮克》黑白填彩丝织人像画（图3-29），规格：50厘米×80厘米。

图3-29 《皮克》黑白填彩丝织人像画

（5）国内名人像

图3-30 《鲁迅》黑白丝织人像画

图3-31 《冼星海（1905—1945）》黑白丝织人像画

图3-32 《聂耳（1912—1935）》黑白丝织人像画

织品22 《鲁迅》黑白丝织人像画（图3-30），规格：9厘米×15厘米。

织品23 《冼星海（1905—1945）》黑白丝织人像画（图3-31），规格：10.5厘米×16厘米。

织品24 《聂耳（1912—1935）》黑白丝织人像画（图3-32），规格：10.5厘米×16厘米。

（6）珍贵的五彩色织像景人物画

图3-33 《主席走遍全国》丝织彩色像景画

图3-34 《主席走遍全国》局部（一）

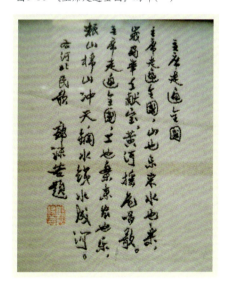

图3-35 《主席走遍全国》局部（二）

织品25 《主席走遍全国》丝织彩色像景画（图3-33），规格：26厘米×40厘米。此幅由都锦生丝织厂于20世纪60年代织造的毛泽东形象，以画家李琦1960年创作的毛主席手持草帽、视察祖国大地的国画作为蓝本。画中毛主席的气度神采表现得十分生动（图3-34），画作右上方织有郭沫若的题词"主席走遍全国，山也乐来水也乐，峨眉举手献宝，黄河摇尾唱歌。主席走遍全国，工也乐来农也乐，粮山棉山冲天，钢水铁水成河。河北民歌"（图3-35）。它的珍贵之处还在于织锦的下方织有"中国杭州都锦生丝织厂彩色像景"一行字，在织物中明确"丝织彩色像景"的十分少见，这是对丝织像景织物名称应用的实证。

丝绸艺术赏析 SILK ART APPRECIATION

图3-36 《毛主席在飞机中工作的摄影》丝织彩色像景画

图3-37 郭沫若于1958年1月25日手写的一首诗歌

织品26 《毛主席在飞机中工作的摄影》丝织彩色像景画（图3-36），规格：40厘米×26厘米。由杭州都锦生丝织厂于20世纪60年代织制。该幅作品不仅反映了毛主席在飞机中不倦工作的形象，在图的下方还织了郭沫若于1958年1月25日手写的一首诗歌（图3-37），十分珍贵。

图3-38 《斯大林全身像》丝织彩色像景画

图3-39 《斯大林全身像》丝织彩色像景画细部

织品27 《斯大林全身像》丝织彩色像景画（图3-38，图3-39细部），规格：64厘米×95厘米。这幅丝织作品是20世纪50年代初国务院办公厅下达给杭州都锦生丝织厂的订制任务，并作为珍贵的国家级礼品。此藏品不仅具有极高的丝绸织锦工艺技术含量，而且还是当时中苏（苏联）友好的历史见证，存世量极少，具有很高的收藏和研究价值。

丝绸艺术赏析 SILK ART APPRECIATION

图3-40 《毛泽东主席》丝织彩色人物画像

图3-41 《毛泽东主席》丝织彩色人物画像局部

织品28 《毛泽东主席》丝织彩色人物画像（图3-40），规格：81厘米×112厘米。这幅丝织彩色像景画由苏州大中丝织厂精心织制而成，据《苏州市志》第十五卷丝绸工业Ⅱ第66页记载："1950年，苏州市接受中华全国总工会委托，织造生产毛泽东主席彩色像。经大中绸厂王海丰设计，倪好善、蔡静涵（杭州都锦生丝织厂）、章仲雄作意匠图，陈中理、金纯荣踏制纹板共2.8万张，戈寿福改造设备和织制，1951年织成十一色的1.12米×0.81米的毛泽东彩色像。"

这幅新中国建立初期耗资一亿多元（旧币）织成的多彩大幅人物画像景织物，存世稀少。在当时技术装备相对落后的条件下，经苏州和杭州两地丝织顶尖技工的共同努力、精心设计，采用当时最大的提花笼头和最多的多梭箱装置，同时采用多重纬组织和长短梭引纬结合的织造工艺技术，反复试验一年多，终于成功织出人物轮廓清晰、光影层次丰富，代表当时中国丝织提花织锦工艺技术最高水平且艺术效果突出的像景作品，十分珍贵。藏品成为当时重要的国家级礼品，具有很高的欣赏、研究和收藏价值（图3-41）。

2. 风景名胜类

新中国建立初期，描绘祖国大好河山、风景名胜和著名建筑的像景画仍是丝织像景画的主流产品，从现在收集的藏品看，主要集中在杭州、苏州和上海几家丝织厂。这些作品距今亦有半个世纪，颇有研究和欣赏价值。

（1）由苏州东吴丝织厂生产的作品

图3-42 《苏州留园荷花厅》黑白填彩丝织风景画

织品29 《苏州留园荷花厅》黑白填彩丝织风景画（图3-42），规格：42.5厘米×26厘米。

织品30 《苏州拙政园小芳洲》黑白填彩丝织风景画（图3-43），规格：17厘米×10厘米。

图3-43 《苏州拙政园小芳洲》黑白填彩丝织风景画

（2）由上海锦艺丝织厂生产的作品

图3-44 《北京北海虹桥》黑白填彩丝织风景画

织品31 《北京北海虹桥》黑白填彩丝织风景画（图3-44），规格：40厘米×20厘米。

图3-45 《北京北海虹桥》黑白丝织风景画

织品32 《北京北海虹桥》黑白丝织风景画（图3-45），规格：14厘米×9.5厘米。

图3-46 《庐山老母亭》黑白丝织风景画

织品33 《庐山老母亭》黑白丝织风景画（图3-46），规格：14厘米×9.5厘米。

图3-47 《苏州虎丘》黑白填彩丝织风景画

织品34 《苏州虎丘》黑白填彩丝织风景画（图3-47），规格：40厘米×27厘米。

丝绸艺术赏析 SILK ART APPRECIATION

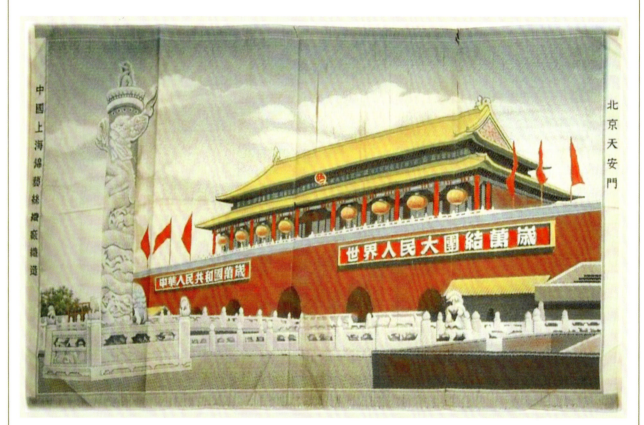

图3-48 《北京天安门》黑白填彩丝织风景画

织品35　《北京天安门》黑白填彩丝织风景画（图3-48），规格：40厘米×27厘米。

（3）由杭州启文丝织厂织造生产的作品

图3-49 《扁舟弄月》黑白填彩丝织风景画

织品36 《扁舟弄月》黑白填彩丝织风景画（图3-49），规格：28厘米×24厘米。

织品37 《青岛栈桥》黑白填彩丝织风景画（图3-50），规格：40厘米×26厘米。

图3-50 《青岛栈桥》黑白填彩丝织风景画

（4）由杭州华盛丝织厂监制的作品

图3-51 《苏州狮子林》黑白填彩丝织风景画

织品38　《苏州狮子林》黑白填彩丝织风景画（图3-51），规格：43厘米×28厘米。

（5）由杭州景华丝织厂生产的作品

图3-52 《西湖平湖秋月》黑白填彩丝织风景画

织品39 《西湖平湖秋月》黑白填彩丝织风景画（图3-52），规格：16厘米×10厘米。

（6）由杭州丝织风景生产合作社生产的作品

图3-53 《西湖全景》黑白填彩丝织风景画

织品40 《西湖全景》黑白填彩丝织风景画（图3-53），规格：42厘米×27厘米。此作品十分少见，落款合作社，说明是新中国建立初期手工作坊合作运作的集体企业所制，有一定的研究价值。

（7）由杭州都锦生丝织厂织造的作品

织品41 《北京中国革命博物馆和中国历史博物馆外景一角》黑白填彩丝织风景画（图3-54），规格：42厘米×27厘米。

图3-54 《北京中国革命博物馆和中国历史博物馆外景一角》黑白填彩丝织风景画

织品42 《北京人民英雄纪念碑》黑白填彩丝织风景画（图3-55），规格：42厘米×28厘米。

图3-55 《北京人民英雄纪念碑》黑白填彩丝织风景画

图3-56 《长江大桥》黑白填彩丝织风景画

织品43 《长江大桥》黑白填彩丝织风景画（图3-56），规格：16.5厘米×10.5厘米。画中大桥为武汉长江大桥，我国自行设计制造的第一座跨江大桥。

图3-57 《西泠桥畔》黑白填彩丝织风景画　　图3-58 《灵隐瑞雪》黑白丝织风景画

织品44　《西泠桥畔》黑白填彩丝织风景画（图3-57），规格：16厘米×36厘米。
织品45　《灵隐瑞雪》黑白丝织风景画（图3-58），规格：16厘米×36厘米。

丝绸艺术赏析 SILK ART APPRECIATION

图3-59 《北京风光十二景》黑白填彩丝织风景画组画

　　织品46　《北京风光十二景》黑白填彩丝织风景画组画（图3-59），单幅规格：16.5厘米×10.5厘米。此组丝织风景画生产至今已有50多年，能按编号顺序完整无缺保存至今已属不易，而且品相完好，色彩艳丽，因而十分珍贵。

图3-60 《北京万寿山》

图3-61 《万寿山石舫》

图3-62 《万寿山荇桥》

图3-63 《北京祈年殿》

图3-64 《万里长城》

图3-65 《万寿山云辉玉宇坊》

以上为织品46之一至六，依次为：《北京万寿山》（图3-60）、《万寿山石舫》（图3-61）、《万寿山荇桥》（图3-62）、《北京祈年殿》（图3-63）、《万里长城》（图3-64）、《万寿山云辉玉宇坊》（图3-65）。

图3-66 《北海九龙壁》

图3-67 《万寿山十七孔桥》

图3-68 《北京知春亭》

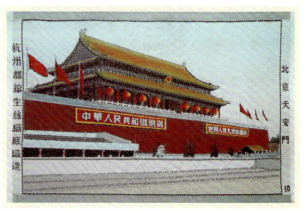
图3-69 《北京天安门》

图3-70 《北京北海白塔》

图3-71 《北京天坛皇穹宇》

  以上为织品46之七至十二，依次为：《北海九龙壁》（图3-66）、《万寿山十七孔桥》（图3-67）、《北京知春亭》（图3-68）、《北京天安门》（图3-69）、《北京北海白塔》（图3-70）、《北京天坛皇穹宇》（图3-71）。

图3-72 《上海外滩》色织五彩风景画

织品47 《上海外滩》色织五彩风景画（图3-72），规格：94厘米×28厘米。这是一幅十分难得的新中国建立初期的五彩色织风景画，其工艺特点：（1）纬向采用红、黄、蓝、绿、黑、白六色人造丝和重纬织锦工艺，需4×4多梭箱引纬；（2）按经密每厘米70根计算，提花针数在1800针以上，需2000针以上的大提花机生产；（3）经测算，纬向引纬达12000根以上，需相同数量的纹板才能织造。综上可见，这幅作品的制作难度很大，成本较高；另外，作品的艺术效果上佳，水天一色、绿树成荫、轮船渡桥、高楼林立，画面清爽明亮，保存良好，不失为一幅五彩色织风景画精品。

3. 名人书画类

运用丝绸载体和丝织工艺来表现名家的国画和书法原作，是中国丝绸艺术传统的重要门类之一。这一时期主要的丝绸画分两种工艺类别：一种是利用大提花机配多梭箱多色引纬工艺，结合传统五彩织锦、多色重纬的组织结构织出书画效果的丝绸画，这类作品质地厚实，缎纹作地，画面厚亮，但工艺繁复，工效很低，产量很少，成本较高。另一种是运用黑白交织先形成黑白效果的底稿，然后根据原画描绘色彩，制成填彩丝绸字画，由于黑白交织利用1×2梭箱，因而织制相对简单，工效高，成本较低，有利于市场销售。

（1）黑白填彩丝织国画

图3-73 《国画金鱼·凌虚作》黑白填彩丝织国画

织品48　《国画金鱼·凌虚作》黑白填彩丝织国画（图3-73），规格：25厘米×46厘米。

图3-74 《双鸟图·陈子佛作》黑白填彩丝织国画

织品49 《双鸟图·陈子佛作》黑白填彩丝织国画（图3-74），规格：39厘米×84.5厘米。

图3-75 《山水·黄宾虹作》黑白填彩丝织山水画

织品50 《山水·黄宾虹作》黑白填彩丝织山水画(图3-75),规格:19厘米×41厘米。

图3-76《远来鸟影》黑白填彩丝织画

织品51 《远来鸟影》黑白填彩丝织画（图3-76），规格：29厘米×35厘米。

图3-77 《革命的种子》黑白填彩丝织宣传画

织品52 《革命的种子》黑白填彩丝织宣传画（图3-77），规格：27厘米×37厘米。落款为全英文的中青年（学生）杂志社，内容为"革命的种子万年长青"。该画由著名画家哈琼文创作于20世纪60年代，原名为《做一颗红色的种子》，审核时，上海人民美术出版社总编在画上加了一只展翅雄鹰，画中模特儿为当时上海展览中心的讲解员，18岁的中学生。

（2）五彩织锦国画类

图3-78
《五伦图·清沈铨作》五彩织锦国画

织品53 《五伦图·清沈铨作》五彩织锦国画（图3-78），规格：42厘米×92厘米。

图3-80 《猛虎图·何香凝作》五彩织锦国画细部

图3-79 《猛虎图·何香凝作》五彩织锦国画

织品54 《猛虎图·何香凝作》五彩织锦国画（图3-79，图3-80细部），规格：42厘米×92厘米。

图3-81 《松龄鹤寿·陈之佛作》五彩丝织国画

图3-82 《松龄鹤寿·陈之佛作》五彩丝织国画细部

织品55 《松龄鹤寿·陈之佛作》五彩丝织国画（图3-81，图3-82细部），规格：98厘米×40厘米。

图3-83 《和平之鸽》黑白丝织画

　　织品56　《和平之鸽》黑白丝织画（图3-83），规格：41厘米×27厘米。由杭州都锦生丝织厂于20世纪50年代织制。画面取材于西班牙著名画家巴勃罗·鲁伊斯·毕加索1949年为第一届世界保卫和平会议作的"和平之鸽"海报。存世实物极为少见。

4. 其他类

（1）表现企业面貌的作品三幅

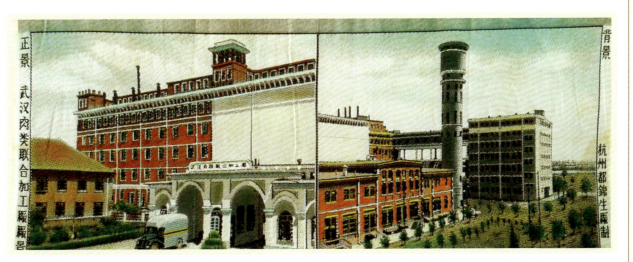

图3-84 《武汉肉类联合加工厂厂景》黑白填彩丝织场景画

织品57 《武汉肉类联合加工厂厂景》黑白填彩丝织场景画（图3-84），规格：30.5厘米×10.5厘米。由杭州都锦生丝织厂于20世纪50年代织制。此图分左右两景，左面为厂门正景，右面为表现加工车间的背景，非常少见。

图3-85 《包钢一号高炉出铁纪念》黑白丝织场景画

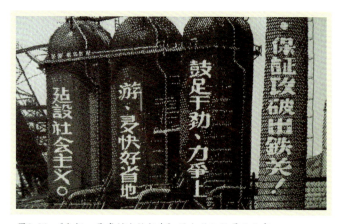

图3-86 《包钢一号高炉出铁纪念》黑白丝织场景画局部

  织品58 《包钢一号高炉出铁纪念》黑白丝织场景画（图3-85），规格：90厘米×48厘米。此图左方织有"一九五九年九月"款，表示出铁的时间，图中还清楚地织有"鼓足干劲，力争上游，多快好省地建设社会主义"，为当时国家建设总路线（图3-86）。

图3-87 《中国哈尔滨量具刃具厂赠》黑白丝织场景画

织品59 《中国哈尔滨量具刃具厂赠》黑白丝织场景画（图3-87），规格：48厘米×31厘米。此幅丝织画由苏州东吴丝织厂织造，时间为20世纪50年代后期，画面反映了当时该厂的鸟瞰场景。

(2) 表现风景字画的小品一幅

织品60 《苏州虎丘塔》织锦书签（图3-88），规格：4厘米×12厘米。书签上方织有苏州虎丘塔字画，下方用红色丝线织出"在总路线的灯塔照耀下，从胜利走向胜利！"，落款为"苏州协泰厂织造"，表明该织锦书签生产于1956年前。

图3-88 《苏州虎丘塔》织锦书签

第四章
"文革"时期的丝织像景艺术

第一节 "文革"时期丝织像景织物简述

在新中国的历史上,"文化大革命"是一个具有鲜明时代特征的时期,也是一个非常特殊的时期,几乎所有亲身经历过"文革"的人们都会留下深刻的记忆。

"文化大革命"历时十年(1966年至1976年),为了明确丝织像景织物的变化特点,笔者从人文、经济和丝织业变化这三个角度,把"文革"中的丝织像景纹样情况分成两个阶段:"文革"前期(1966年至1972年)和"文革"后期(1973年至1976年),并分别进行简述。

图4-1 苏州东方红丝织厂织造的"忠字绸"

图4-2 杭州东方红丝织厂织造的"忠字绸"

图4-3 苏州东方红丝织厂织造的"葵花向阳"

图4-4 "毛主席语录"织锦（一）　图4-5 "毛主席语录"织锦（二）

图4-6 《毛主席语录》织锦（三）　图4-7 《毛主席语录》织锦（四）

图4-8 语录丝绸（一）　图4-9 语录丝绸（二）

1. "文革"前期的丝织像景纹样

20世纪60年代后期到70年代初，"一切以阶级斗争为纲"，各行各业的正常工作都受到了极大的冲击，丝绸行业的花色品种、设计制作也不例外。当时，传统图案被视为"封建主义"，外来风格和时尚风格被视为"资本主义"或"修正主义"，因此各种艺术风格都遭到了排斥和破坏，取而代之的是"革命的现实主义"。大量的"红色主题"图案出现在丝绸织物上，如苏州东方红丝织厂织造的"忠字绸"（图4-1）；杭州

丝绸艺术赏析 SILK ART APPRECIATION

第四章 "文革"时期的丝织像景艺术

图4-10 革命样板戏《白毛女》织锦

图4-11 革命样板戏《智取威虎山》织锦

东方红丝织厂织制的"忠字绸"（图4-2）；苏州东方红丝织厂织造的"葵花向阳"（图4-3），图中九颗五角星代表中共九大；杭州东方红丝织厂生产的《毛主席语录》织锦（图4-4，图4-5，图4-6，图4-7）；还有安徽芜湖丝绸厂织造的语录丝绸（图4-8，图4-9）；以及苏州东方红丝织厂生产的革命样板戏《白毛女》织锦（图4-10）和《智取威虎山》织锦（图4-11）等。

在当时的政治背景下，全国各地许多知名丝织厂不仅更改了所谓带有"封资修"含义的厂名（如苏州东吴丝织厂改名为苏州东方红丝织厂，杭州都锦生丝织厂改名为杭州东方红丝织厂等），还纷纷"敬制"了大量领袖形象的像景织物。以上这些都构成了"文革"期间鲜明的时代特征（现在收藏界的"红色收藏"大多是指这一阶段的藏品）。但是由于这些充满"革命气息"的丝织品不能用于正常服饰用品上，更不能适应外贸所需的流行风格，无法在国内外市场上销售，使得丝绸业在内销和外贸上受到极大的冲击，经营一度出现低潮，甚至在1970年广交会上出现了自行设计的花样无一成交的记录。

2. "文革"后期的丝织像景纹样

1972年，根据周恩来总理的指示，北京举办了"第一届全国工艺美术展览会"，历时三个多月，参观人数达80多万人次，郭沫若亲自为展会题词"百花齐放，万马腾空，为民服务，巧夺天工"。这届展览会对艺术设计领域里扭转极"左"思潮，恢复艺术品的设计、生产和出口起到了积极的推动作用。1973年开始，丝绸的纹样设计逐步恢复到"设计、生产、贸易"三结合的轨道上,在丝织像景织物的纹样中逐渐出现了名人字画、风景名胜和吉祥传统图案等图案,以适应国内外市场的需求,丝绸艺术织锦的生产和经营得以逐步恢复。

第二节 "文革"时期丝织像景织物的工艺技术特征

1. 技术装备方面

我国丝织业在20世纪60年代已基本完成手拉织机的改造,开始大量使用铁木机和"K"字头统一型号的全铁机。同时,用于织造较为复杂的提花织物(如织锦缎、古香缎、像景织物)的织机,则配备了1480针或2400针的单动或复动式提花机械(俗称单龙头、双龙头等),在多色引纬方面则配置了1×2、2×2、4×4的多梭箱装置。到60年代后期,为了织入更多的色纬线,杭州和苏州一些织造能力较强的企业,如都锦生丝织厂和东吴丝织厂,还自行研制了7×7自动换梭装置(又称自动换道机),使少数多色彩像景织物精品的制作在幅面和精度上有了强有力的技术支撑。当时由于没有电子控制,全靠机械传动,提经换纬速度较慢,功效很低,一般2×2换梭织机的打纬速度只有每分钟120梭左右,织造宽幅、巨幅画面的彩色像景织物时,难度更大,功效更低,所以成本很高。

2. 织造工艺方面

在丝织像景画的工艺应用方面,大部分仍采用黑白真丝人造丝重纬交织工艺。"文革"初期,大量使用分段红色丝纬线,织制特定含量的文字、红旗和红太阳等,而在风景、人物上大多采用黑白填彩工艺。对于一小部分需要表现色彩无级过渡效果的精品,则采用了大龙头多梭箱、多重纬组织工艺织成五彩像景画。这一类色织精品由于技术难度大、工效低、成本高、产量少而更加显得弥足珍贵。

3. 选用纤维方面

除了正常使用真丝为经、人造丝为纬的常规配料外,丝织像景织物在"文革"中还出现了一个非常特殊的品种,即采用棉纤维线作经线和纬线,然后采用丝织提花织锦的工艺技术,设计和生产了一批大幅面(一般为150厘米×200厘米)的领袖形象的棉质像景画。这种像景织物一般挂在大会堂或在大游行中使用。

"文革"丝织像景织物不仅反映了那个年代的人文状况,具有鲜明的时代特征,而且从设计、选材和织制各个环节来看,都是精益求精的作品。一些具有代表性的精品更是由全国各地最好的意匠设计人员制作。为了保证质量,追求最佳艺术效果而不惜工本,用最上等的纤维原料,由最优秀的能工巧匠合作织造而成。所有这些织品在当时都是出于政治原因不计成本精心制作的,而今天看来如同历代名瓷中的官窑瓷器一样,代表了当时丝织工艺技术的最高水平,具有特殊的观赏和研究价值,十分珍贵。

第三节 "文革"时期丝织像景艺术赏析

"文化大革命"是一个非常特殊的历史时段,是一个"祖国山河一片红"的年代,在丝织像景画的图纹中也非常清晰地表现了这一特点。尤其在"文革"早期,出现较多的是歌颂伟大领袖毛主席的图画,反映毛主席领袖风采的丝绸画大量生产。而反映名胜古迹、历代名人字画的文艺作品几乎绝迹,只有少量表现建设成就和革命圣地的画面在丝织像景画中出现。下面按藏品的内容或特征进行分类赏析。

1. 反映毛主席领袖风采的丝织像景画

（1）由杭州东方红丝织厂织造的作品

图4-13 《中国人民伟大领袖毛泽东主席发表庄严声明支持世界人民反对美帝斗争》黑白丝织人物画

织品1 《我们伟大的导师伟大的领袖伟大的统帅伟大的舵手毛主席》黑白丝织人物画（图4-12），规格：27厘米×32厘米。

织品2 《中国人民伟大领袖毛泽东主席发表庄严声明支持世界人民反对美帝斗争》黑白丝织人物画（图4-13），规格：27厘米×37.5厘米。

图4-12 《我们伟大的导师伟大的领袖伟大的统帅伟大的舵手毛主席》黑白丝织人物画

图4-14 《我们最敬爱的领袖毛主席》黑白丝织人物画

织品3 《我们最敬爱的领袖毛主席》黑白丝织人物画（图4-14），规格：32厘米×27厘米。

织品4 《伟大的领袖毛泽东同志》黑白丝织人物画（图4-15），规格：27厘米×57厘米。

图4-15 《伟大的领袖毛泽东同志》黑白丝织人物画

图4-16 《伟大领袖毛泽东主席》黑白丝织人物画

图4-17 《毛主席在快艇甲板上检阅正在同江水搏斗的游泳大军》黑白填彩丝织人物画

织品5 《伟大领袖毛泽东主席》黑白丝织人物画（图4-16），规格：47厘米×62厘米。

织品6 《毛主席在快艇甲板上检阅正在同江水搏斗的游泳大军》黑白填彩丝织人物画（图4-17），规格：27厘米×40厘米。

第四章 "文革"时期的丝织像景艺术

图4-18 《一九五二年毛主席于广州》黑白丝织人物画

织品7 《一九五二年毛主席于广州》黑白丝织人物画（图4-18），规格：7厘米×10厘米。

丝绸艺术赏析

139

（2）由苏州东方红丝织厂织造的作品

图4-19 《我们心中的红太阳毛主席万岁》织红字黑白丝织人物画

图4-20 《毛主席接见百万革命群众》织红字红袖章红领章黑白丝织人物画

织品8　《我们心中的红太阳毛主席万岁》织红字黑白丝织人物画（图4-19），规格：10厘米×17厘米。

织品9　《毛主席接见百万革命群众》织红字红袖章红领章黑白丝织人物画（图4-20），规格：19厘米×26厘米。

图4-21 《我们的伟大领袖毛主席在中国共产党第八届扩大的第十二次中央委员会全会上》织红字黑白丝织人物画

　　织品10　《我们的伟大领袖毛主席在中国共产党第八届扩大的第十二次中央委员会全会上》织红字黑白丝织人物画（图4-21），规格：26厘米×40厘米。

图4-22 《干革命靠毛泽东思想》织红字黑白丝织人物画　　　　图4-23 《我们最最敬爱的伟大领袖毛主席》织红字黑白丝织人物画

织品11　《干革命靠毛泽东思想》织红字黑白丝织人物画（图4-22），规格：11厘米×17厘米。

织品12　《我们最最敬爱的伟大领袖毛主席》织红字黑白丝织人物画（图4-23），规格：11厘米×17厘米。

（3）由安徽芜湖丝绸厂织造的作品

图4-24 《毛主席万岁》织红字黑白丝织画

织品13 《毛主席万岁》织红字黑白丝织画（图4-24），规格：27厘米×37.5厘米。

2. 用棉纤维线和丝织提花工艺织造的大型像景织物

这是"文化大革命"中特有的品种,其特点在于:一是幅面硕大,一般均为宽150厘米、长200～220厘米,织成画像后一般用于大游行或挂在大会堂;二是提花工艺完全采用丝织黑白像景的工艺技术;三是经向和纬向均用棉纱纤维;四是字画结合,画的下部织有主题、落款和尺寸;五是参与织造的单位很多,仅笔者收藏的就有全国各地十几家企业的作品。现选择四幅供欣赏。

织品14 《毛主席万岁》织红绿字黑白棉织人像画(图4-25),规格:129厘米 × 189厘米。由四川成都线毯社织制。

图4-25 《毛主席万岁》织红绿字黑白棉织人像画

图4-26 《敬祝毛主席万寿无疆》织红字黑白棉织人像画

　　织品15　《敬祝毛主席万寿无疆》织红字黑白棉织人像画（图4-26），规格：90厘米×134厘米。由北京东方红棉织厂织制。画面下方还有一行红色小字：我们的伟大领袖毛主席在中国共产党第九次全国代表大会上作极其重要的讲话。

图4-27《毛主席去安源》织红字黑白棉织人像画

织品16 《毛主席去安源》织红字黑白棉织人像画（图4-27），规格：150厘米×220厘米。由杭州红峰丝织厂织制。

图4-28 《伟大的导师伟大的领袖伟大的统帅伟大的舵手毛主席万岁》黑白棉织人像画

织品17 《伟大的导师伟大的领袖伟大的统帅伟大的舵手毛主席万岁》黑白棉织人像画（图4-28），规格：129厘米×177厘米。由杭州东方红丝织厂织造。

3. 反映毛主席诗词的丝织画

在"文革"早期，不少丝织厂将毛主席诗词已发表的手写稿，经过精心的装饰设计，织造成挂轴或横幅，用于宣传和观赏。

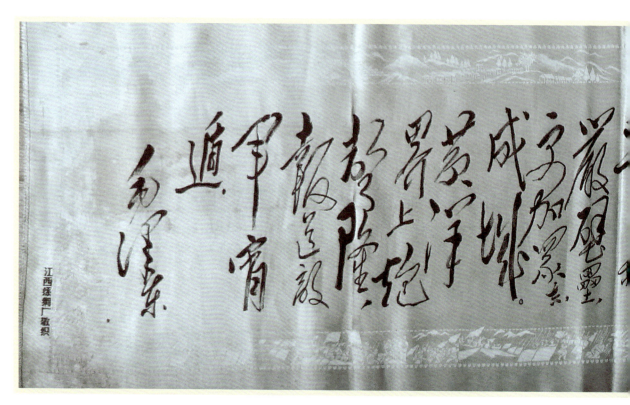

图4-29 《西江月·井冈山》黑白丝织画

织品18 《西江月·井冈山》黑白丝织画（图4-29），规格：120厘米×33厘米。由江西丝绸厂织造。这幅丝织诗词画不仅幅面较大，而且在诗词的四周精心设计了井冈山武装斗争的场景和毛主席三本单行本著作的图案（图4-30），与诗词相呼应，构成书画结合的艺术效果。

图4-30 《西江月·井冈山》黑白丝织画局部

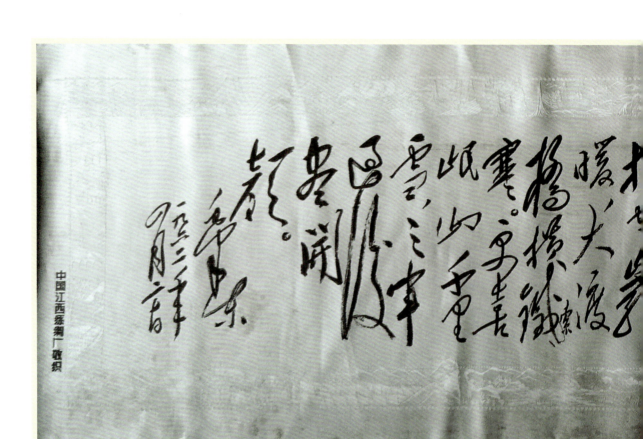

图4-31 《毛主席诗词·长征》黑白丝织画

图4-32 红军过雪山草地

图4-33 强渡乌江

织品19 《毛主席诗词·长征》黑白丝织画（图4-31），规格：98厘米×33厘米。这幅同样由江西丝绸厂织造的毛主席诗词横幅，也采用了诗画结合的形式，在诗词四周精心设计了红军二万五千里长征的艰难历程，分别织出了红军过雪山草地（图4-32）、强渡乌江（图4-33）、飞夺泸定桥（图4-34）、遵义会议（图4-35）、胜利到达延安（图4-36）等场景。各个场景共同形成花边效果，使整幅作品表现的内容更加形象生动，内涵更加丰富。

第四章 "文革"时期的丝织像景艺术

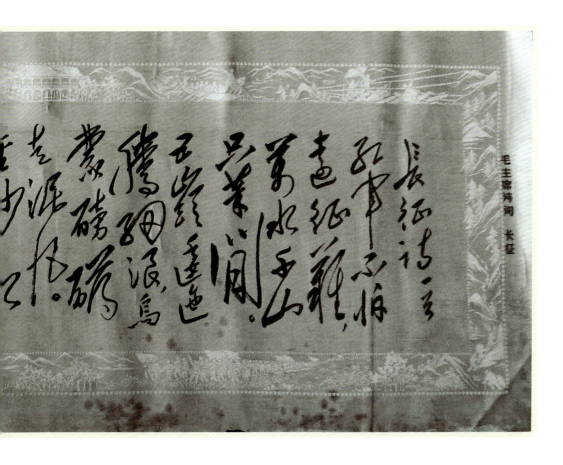

图4-34 飞夺泸定桥

图4-35 遵义会议

图4-36 胜利到达延安

151

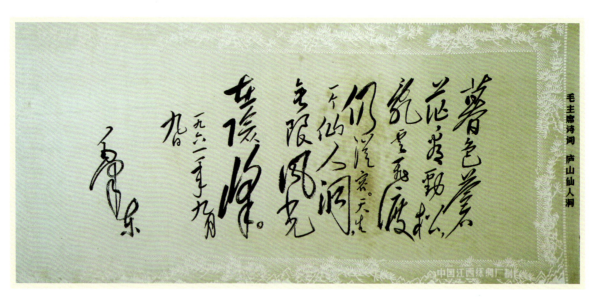

图4-37 《毛主席诗词·庐山仙人洞》黑白丝织画

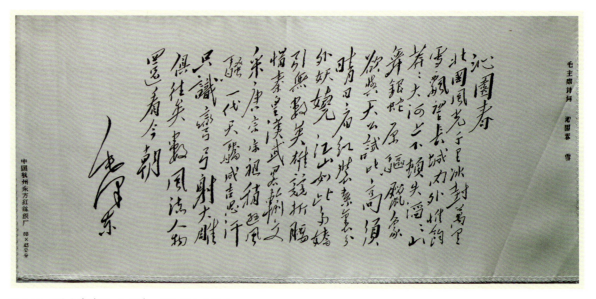

图4-38 《毛主席诗词·沁园春·雪》黑白丝织画

织品20 《毛主席诗词·庐山仙人洞》黑白丝织画（图4-37），规格：61厘米×25.5厘米。由江西丝绸厂织制，四周花边为松柏山岭图案。

织品21 《毛主席诗词·沁园春·雪》黑白丝织画（图4-38），规格：43厘米×18厘米。由杭州东方红丝织厂织制。

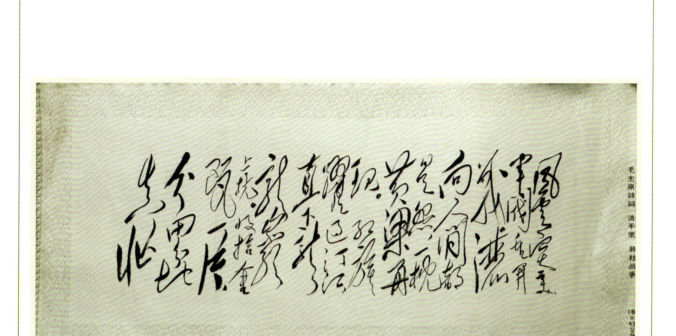

图4-39 《毛主席诗词·清平乐·蒋桂战争》黑白丝织画

织品22 《毛主席诗词·清平乐·蒋桂战争》黑白丝织画（图4-39），规格：43厘米×18厘米。由杭州东方红丝织厂织造。

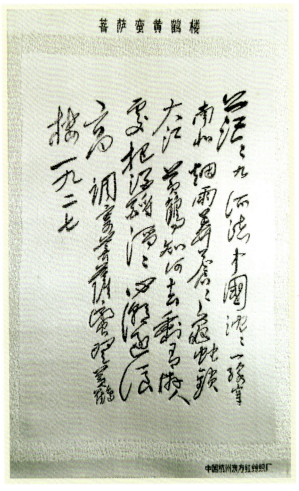 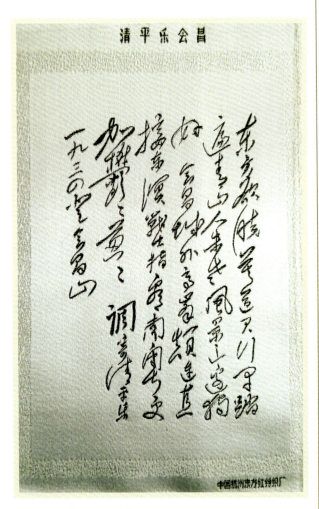

图4-40 《菩萨蛮·黄鹤楼》黑白丝织画　　　　图4-41 《清平乐·会昌》黑白丝织画

织品23　《菩萨蛮·黄鹤楼》黑白丝织画（图4-40），规格：9厘米×13.5厘米。由杭州东方红丝织厂织造。

织品24　《清平乐·会昌》黑白丝织画（图4-41），规格：9厘米×13.5厘米。由杭州东方红丝织厂织造。

图4-42 《庐山仙人洞》织红字黑白丝织风景画

  织品25 《庐山仙人洞》织红字黑白丝织风景画（图4-42），规格：25厘米×40厘米。由杭州东方红丝织厂织造。这幅作品的特点有二：一是给诗词配上了庐山山峰和松柏云彩的背景；二是诗词的字用红色织出，诗画互相映衬，增加了不少情趣和意境。

4. 风景类丝织画

这类作品在"文革"早期十分稀少，名胜古迹被视为"封资修"，而仅存的是革命圣地和建设成果，如南京长江大桥通车等。

图4-43 《参观毛主席旧居——韶山纪念》黑白填彩丝织画

织品26 《参观毛主席旧居——韶山纪念》黑白填彩丝织画（图4-43），规格：27厘米×18厘米。由杭州东方红丝织厂织造。

图4-44 《南湖》红绿木刻版丝织画

织品27 《南湖》红绿木刻版丝织画（图4-44），规格：15.5厘米×9厘米。由苏州东方红丝织厂织造。

织品28 《延安》红黄木刻版丝织画（图4-45），规格：15.5厘米×9厘米。由苏州东方红丝织厂织造。

图4-45 《延安》红黄木刻版丝织画

图4-46 《南京长江大桥》部分织红黑白丝织风景画

织品29 《南京长江大桥》部分织红黑白丝织风景画（图4-46），规格：72厘米×25厘米。由苏州东方红丝织厂织造。本作品纬向采用红、黑、白三色，经纬密度较大，织纹清晰细致，大桥上的"伟大的领袖毛主席万岁"和桥头堡上的两条标语"伟大的中国共产党万岁！"及"没有一个人民的军队，便没有人民的一切。"字迹清晰可见。

织品30 《中国南京长江大桥通车纪念》黑白填彩丝织风景画（图4-47），规格：81厘米×27厘米。由苏州东吴丝织厂织造。本作品由铁道部大桥局二桥处革命委员会作为赠品使用，很有纪念意义。

织品31 《南京长江大桥》红绿色织木刻版丝织画（图4-48），规格：19厘米×13.5厘米。由苏州东方红丝织厂织造。此作品虽然尺寸不大，但十分精细，画面字迹清晰，毛主席头像和毛体的"一桥飞架南北，天堑变通途。"图文结合，显得十分精神。

图4-47 《中国南京长江大桥通车纪念》黑白填彩丝织风景画

第四章 "文革"时期的丝织像景艺术

图4-48 《南京长江大桥》红绿色织木刻版丝织画

"文革"早期极少量不带任何政治色彩的风景类丝织画,由杭州东方红丝织厂在70年代初略有生产,颇为珍贵。

图4-49 《漓江秀色》黑白填彩丝织风景画

图4-50 《北京颐和园画中游》黑白填彩丝织风景画

织品32 《漓江秀色》黑白填彩丝织风景画(图4-49),规格:40厘米×27厘米。
织品33 《北京颐和园画中游》黑白填彩丝织风景画(图4-50),规格:72厘米×27厘米。

图4-51 《颐和园内景》黑白填彩丝织风景画

图4-52 《雨后春江》黑白丝织风景画

织品34 《颐和园内景》黑白填彩丝织风景画（图4-51），规格：58厘米×27厘米。

织品35 《雨后春江》黑白丝织风景画（图4-52），规格：40厘米×27厘米。

图4-53 《苏州狮子林》黑白丝织风景画

织品36 《苏州狮子林》黑白丝织风景画（图4-53），规格：40厘米×27厘米。

织品37 《南海风光》黑白填彩丝织风景画（图4-54），规格：27厘米×40厘米。

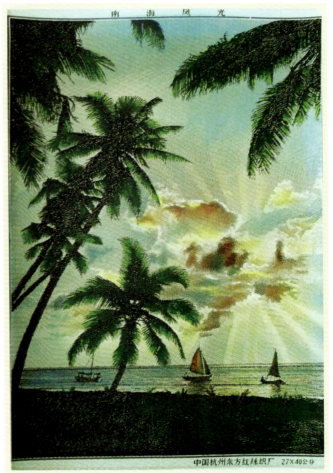

图4-54 《南海风光》黑白填彩丝织风景画

5. 人物类丝织画

"文革"早期，除了反映领袖人物和英雄模范人物的画作，几乎所有传统的字画都被排斥，因此用丝织像景织物来表现传统人物画的极少，仅有几幅展现如下：

织品38 《毛主席去安源》织红字黑白丝织人物画（图4-55），规格：42厘米×62厘米。由杭州东方红丝织厂织制。有关油画《毛主席去安源》的题材，全国各地有条件的丝织厂都有少量生产，但以黑白像景为主。

图4-55 《毛主席去安源》织红字黑白丝织人物画

图4-56 《一九一七年的会见》黑白填彩丝织人像画

织品39 《一九一七年的会见》黑白填彩丝织人像画（图4-56），规格：40厘米×27厘米。由杭州东方红丝织厂织制。

图4-57 《炮打司令部》黑白丝织人像画

  织品40 《炮打司令部》黑白丝织人像画（图4-57），规格：27厘米×40厘米。由杭州东方红丝织厂织制。

图4-58 《焦裕禄同志在兰考》黑白丝织宣传画

织品41 《焦裕禄同志在兰考》黑白丝织宣传画（图4-58），规格：26.5厘米×34厘米。由杭州东方红丝织厂织制。

图4-59 《鲁迅》黑白丝织人像画

  织品42 《鲁迅》黑白丝织人像画（图4-59），规格：9.5厘米×14.6厘米。由杭州东方红丝织厂织制。

6. 五彩织锦类

采用多重纬彩色丝织造像景织物，在"文革"时期非常少见，从笔者多年收藏的情况看，全国只有三家丝织厂织制此类织物，即杭州东方红丝织厂（原都锦生丝织厂）、苏州东方红丝织厂（原东吴丝织厂）和江西丝绸厂。原因是多重纬色织像景画的技术要求比较高，如要备有较大的提花龙头（2000针以上），要有较强的意匠纹制能力，要有色织织锦的生产技术基础和经验，还要有相应的经济实力等。上述三家企业具备相应条件，故"文革"期间，出于当时政治背景，开发生产了一批"表忠心"、"语录"、"样板戏"和"领袖形象"等题材的重纬色织像景画。

图4-60 《毛主席接见百万革命群众》色织字画

图4-61 《毛主席接见百万革命群众》色织字画局部

图4-62 《毛主席接见百万革命群众》色织字画背面

织品43 《毛主席接见百万革命群众》色织字画（图4-60），规格：19厘米×15.5厘米。这是一幅由苏州东方红丝织厂于1969年织造的人像和对联结合的字画一体的色织丝绸画（图4-61）。此画不仅织上了"文革"初期毛主席在天安门接见百万红卫兵的照片，又在两边织上了毛主席诗句"宜将剩勇追穷寇，不可沽名学霸王"，对联的四周分别织了16句"毛主席万岁"和4句"敬祝毛主席万寿无疆"的标语，整个画面共织字140个。在如此小的幅面上织出如此多的内容，而且十分清晰，实属不易，体现了当时高超的织锦技艺。本织品采用红、白、黑、黄4色彩织（图4-62），黄色运用了手工换梭引纬的工艺。很费工时，当时产量极少，存世更是难得，有一定的研究和观赏的价值，是"红色"收藏的精品之作。

图4-63 《伟大领袖毛主席在北戴河》五彩色织像景画

织品44 《伟大领袖毛主席在北戴河》五彩色织像景画（图4-63），规格：27厘米×40厘米。由杭州东方红丝织厂织制。此织品画面虽然不大，但色纬丝采用大红、浅红、深蓝、浅蓝、咖啡、浅灰、浅黄等七色，本白丝作经线，经密52～55根/厘米，需要1480针的龙头单幅独织，纬向则采用4×4梭箱四段短跑引纬。织物组织采用平纹、泥地多重纬结构，制作工艺复杂。整幅作品画面色彩丰富、过渡自然，艺术效果颇佳。

图4-64 《炮打司令部》五彩色织像景画

图4-65 《炮打司令部》五彩色织像景画局部

织品45 《炮打司令部》五彩色织像景画（图4-64），规格：27厘米×40厘米。由杭州东方红丝织厂织造。这是一幅比较少见的色织国画人物像，是根据"文革"初期毛主席发布的"炮打司令部——我的一张大字报"这一题材而创作的一幅国画，表达了当时人们对毛主席的崇敬和颂扬。构图简洁有力，毛主席的脸庞描绘得神采飞扬，尽显伟人气概（图4-65）。此织品纬向采用红、淡黄、中黄、蓝、褐、黑、白等七色织成，五重纬组织，4×4梭箱引纬，织造难度很大，画面虽小但属丝织像景织物中的精品。

图4-66 《毛主席去安源》五彩色织像景画

织品46 《毛主席去安源》五彩色织像景画（图4-66），规格：70厘米×102厘米。由江西丝绸厂织造。经向本白真丝采用平纹和缎纹组织，纬向选用红、橘黄、蓝、绿、紫、黑、白等七色人造丝多重纬组织，结构较严密，较好地表现了原画作品的空间感和立体感。

（注：1969年刘春华创作油画《毛主席去安源》，该画在"文革"时期风靡一时，据有关部门统计，该画共复印9亿多张，这在世界绘画史上也是绝无仅有的。）

图4-67 《毛主席去安源》巨幅五彩色织像景画

织品47 《毛主席去安源》巨幅五彩色织像景画（图4-67），规格：154厘米×220厘米。由杭州东方红丝织厂于1969年织造。这是"文革"时期画幅最大、用色丝最多、工艺最复杂、织造难度最大、艺术效果最好的一幅五彩色织像景画，可以称为丝织物中的稀世珍品。织物纬向采用大红、深蓝、翠绿、淡蓝、浅红、浅蓝、浅咖啡、淡黄、黑和本白等10种色彩的人造丝，经向采用浅灰色的桑蚕丝，其经密为22根/厘米，纬密为80根/厘米。经向提针经数多达近3000根，纬向采用短跑引纬，也必须采用4×4或以上的多梭箱装置，纹板数在18000块左右，织物结构以变化的五、六重纬组织为主，所以画面的明暗对比强烈，色彩层次十分丰富，气势磅礴，具有极强的视觉冲击力，为20世纪60年代丝织像景织物之冠。

7. "文革"后期的丝织像景

1973年后,全国各地的丝织像景织物基本处于停止生产阶段,只有杭州织锦厂还在继续生产(杭州都锦生丝织厂1966年改名为杭州东方红丝织厂,1973年改名为杭州织锦厂,直至1983年又改名为杭州都锦生丝织厂)。图案和品种也很少,基本上分为风景类、人物类和书画类,织造工艺上也没有提高和发展,只有黑白像景和填彩像景两种。下面分类精选一些作品供赏析。

(1)人物类丝织画作品

织品48 《敬爱的周总理,我们永远怀念您》黑白丝织人物画(图4-68),规格:27厘米×35厘米,右下角织有"MADE IN CHINA"。这幅作品制作于1976年周总理逝世之时,系为悼念周总理而制。

图4-68 《敬爱的周总理,我们永远怀念您》黑白丝织人物画

丝绸艺术赏析　SILK ART APPRECIATION

图4-69 《你办事我放心》黑白丝织人像画

织品49　《你办事我放心》黑白丝织人像画（图4-69），规格：72厘米×49厘米。画面反映的是毛主席生前与华国锋在一起的场景，华国锋时任中华人民共和国国家主席。

图4-70 《华国锋像》黑白丝织人像画

织品50 《华国锋像》黑白丝织人像画（图4-70），规格：38厘米×53厘米。

图4-71 《毛主席和周总理、朱委员长在一起》黑白丝织人像画

织品51 《毛主席和周总理、朱委员长在一起》黑白丝织人像画（图4-71），规格：37厘米×27厘米。

织品52 《纪念白求恩》黑白丝织人像画（图4-72），规格：9.5厘米×14.6厘米。人像下方织有"我们大家要学习他毫无自私自利之心的精神"文字。

图4-72 《纪念白求恩》黑白丝织人像画

（2）书画类丝织画作品

图4-73 《虎啸》黑白填彩丝织国画

图4-74 《松鹤图》黑白填彩丝织国画

织品53 《虎啸》黑白填彩丝织国画（图4-73），规格：27厘米×57厘米。
织品54 《松鹤图》黑白填彩丝织国画（图4-74），规格：27厘米×57厘米。

丝绸艺术赏析 SILK ART APPRECIATION

图4-75 《国画熊猫·吴作人作》黑白丝织国画

图4-76 《风雨鸡鸣·徐悲鸿作》黑白填彩丝织国画

织品55　《国画熊猫·吴作人作》黑白丝织国画（图4-75），规格：27厘米×45厘米。
织品56　《风雨鸡鸣·徐悲鸿作》黑白填彩丝织国画（图4-76），规格：18厘米×40厘米。

图4-77 《群马·徐悲鸿作》黑白丝织国画

织品57 《群马·徐悲鸿作》黑白丝织国画（图4-77），规格：92厘米×42厘米。

织品58 《国画·花鸟》黑白填彩丝织国画（图4-78），规格：18厘米×40厘米。

图4-78
《国画·花鸟》黑白填彩丝织国画

图4-79 《月下芦雁》黑白填彩丝织国画

图4-80 《喜上眉梢》1980年年历织红字丝织花鸟画

织品59 《月下芦雁》黑白填彩丝织国画（图4-79），规格：27厘米×57厘米。

织品60 《喜上眉梢》1980年年历织红字丝织花鸟画（图4-80），规格：30厘米×44厘米。此作品落款"中国纺织品进出口总公司"，中英文对照，由杭州织锦厂生产。

(3) 风景类丝织画作品

从"文革"后期到80年代前期,杭州织锦厂开发生产了大量丝织风景画,现选录部分作品,以供赏析。

图4-81 《万里长城》黑白填彩丝织风景画

织品61 《万里长城》黑白填彩丝织风景画(图4-81),规格:82厘米×42厘米。

图4-82 《毛主席纪念堂》黑白丝织场景画

织品62 《毛主席纪念堂》黑白丝织场景画（图4-82），规格：57厘米×27厘米。此作品为重庆市江北区钢锋街道革命委员会办事组赠重庆市江北区百货公司的礼品。

图4-83 《西湖孤山全图》黑白填彩丝织风景画

织品63 《西湖孤山全图》黑白填彩丝织风景画（图4-83），规格：57厘米×27厘米。

织品64 《西湖平湖秋月》黑白填彩丝织风景画（图4-84），规格：27厘米×45厘米。

图4-84 《西湖平湖秋月》黑白填彩丝织风景画

图4-85 《西湖内西湖》黑白丝织风景画

织品65 《西湖内西湖》黑白丝织风景画（图4-85），规格：62厘米×42厘米。

织品66 《雪景》黑白填彩丝织风景画（图4-86），规格：42厘米×92厘米。

图4-86 《雪景》黑白填彩丝织风景画

图4-87 《渔帆出海》黑白丝织风景画

图4-88 《香港中区全景》黑白填彩丝织风景画

织品67 《渔帆出海》黑白丝织风景画（图4-87），规格：40厘米×27厘米。

织品68 《香港中区全景》黑白填彩丝织风景画（图4-88），规格：40厘米×27厘米。

图4-89 《富士山樱花》黑白填彩丝织风景画

织品69　《富士山樱花》黑白填彩丝织风景画（图4-89），规格：40厘米×27厘米。

图4-90 《泰山古松》黑白填彩丝织风景画

图4-91 《黄山天都峰》黑白填彩丝织风景画

织品70　《泰山古松》黑白填彩丝织风景画（图4-90），规格：40厘米×27厘米。
织品71　《黄山天都峰》黑白填彩丝织风景画（图4-91），规格：40厘米×27厘米。

图4-92 《桂林独秀峰远眺》黑白填彩丝织风景画

图4-93 《黄山云龙石筒》黑白填彩丝织风景画

织品72 《桂林独秀峰远眺》黑白填彩丝织风景画（图4-92），规格：40厘米×27厘米。
织品73 《黄山云龙石筒》黑白填彩丝织风景画（图4-93），规格：40厘米×27厘米。

图4-94 《庐山烟雾》黑白填彩丝织风景画

图4-95 《广东七星岩》黑白填彩丝织风景画

  织品74 《庐山烟雾》黑白填彩丝织风景画（图4-94），规格：40厘米×27厘米。
  织品75 《广东七星岩》黑白填彩丝织风景画（图4-95），规格：40厘米×27厘米。

丝绸艺术赏析 SILK ART APPRECIATION

图4-96 《香港全景》黑白填彩丝织风景画

图4-97 《采油井》黑白填彩丝织风景画

织品76　《香港全景》黑白填彩丝织风景画（图4-96），规格：72厘米×27厘米。

织品77　《采油井》黑白填彩丝织风景画（图4-97），规格：40厘米×27厘米。

图4-98 《西安大雁塔》黑白填彩丝织风景画

织品78 《西安大雁塔》黑白填彩丝织风景画（图4-98），规格：53厘米×38厘米。

丝绸艺术赏析 SILK ART APPRECIATION

图4-99 《南湖》黑白填彩丝织风景画

图4-100 《苏州西园》黑白填彩丝织风景画

织品79 《南湖》黑白填彩丝织风景画（图4-99），规格：62厘米×42厘米。

织品80 《苏州西园》黑白填彩丝织风景画（图4-100），规格：53厘米×38厘米。

图4-101 《苏州虎丘》黑白填彩丝织风景画

织品81 《苏州虎丘》黑白填彩丝织风景画（图4-101），规格：40厘米×27厘米。

丝绸艺术赏析 SILK ART APPRECIATION

图4-102 《苏州拙政园》黑白丝织风景画

图4-103 《苏州狮子林》黑白填彩丝织风景画

织品82 《苏州拙政园》黑白丝织风景画（图4-102），规格：57厘米×27厘米。

织品83 《苏州狮子林》黑白填彩丝织风景画（图4-103），规格：40厘米×27厘米。

图4-104 《广州公社陵园》黑白填彩丝织风景画

织品84 《广州公社陵园》黑白填彩丝织风景画（图4-104），规格：40厘米×27厘米。

织品85 《北海初雪》黑白填彩丝织风景画（图4-105），规格：27厘米×40厘米。

图4-105 《北海初雪》黑白填彩丝织风景画

第五章
锦上添花的刺绣艺术

第一节　中国刺绣的沿革和艺术特点

1. 刺绣的历史沿革

刺绣是一种用绣针在织物上引线穿绕形成图案的手工技艺。刺绣通过对织物的再装饰，使其锦上添花、更加漂亮。刺绣是丝绸艺术表现的重要组成部分，其高超的技艺和精美的纹样一直闪烁着艺术的光芒，因此在中国传统文化史上具有重要的地位，成为当之无愧的中华艺术国粹。

中国的用针历史，据考证已有4500年之久，刺绣技艺源远流长。传说中的尧舜时代已经出现了在衣服上绣花的技法。《尚书·虞书》记载，帝舜令夏禹制作衣裳，即绣有十二章图纹。商周时期也有记载，《诗·唐风·扬之水》曰"素衣朱绣，从子于鹄"。距今已有3000多年的河南安阳殷墟妇好墓出土的铜觯上，所附绣品残迹，锁绣针法依稀可辨。春秋战国时期，刺绣技艺大进，骨针已经改为铁针，工艺日趋精细成熟。秦汉时期，刺绣作品深受各界人士喜爱，需求量大增，富贵人家"衣必文绣"，许多家庭装饰也开始用上刺绣。贾谊《新书》中记载："美者黼绣，是古天子之服，今富人大贾，嘉会召客者以被墙。"而上乘绣品被大量用作馈赠礼品，与少数民族交流。据记载，汉代皇帝赠予单于"黄金、锦绣、缯布万匹"。唐代，刺绣更加流行，且更精美，如"白绢地牡丹双鹅绣片"（图5-1）、"大红罗地盘金绣半臂"（图5-2）。据苏鹗《杜阳杂编》记载，同昌公主婚嫁时，嫁妆中有一条绣花被面上绣有三千只鸳鸯及各种奇花异草，绣工之细，难以想象。宋代女红开始出现用刺绣来表现名家书画的做法，并创造了很多新的技法，使绣品更加具有表现力，传世佳作有《瑶台跨鹤图》（图5-3）、《海棠双鸟图》等。

明清两朝在传统刺绣的基础上，逐步形成苏、粤、湘、京中国四大名绣，同时，杭、鲁、汴、瓯各地均出现了著名刺绣精品，且各具特色，各成体系。明清刺绣形成官民齐进、技艺丰富、创新发展的新高潮，直至今日，经久不衰。刺绣技艺及其作品已成为一种不可或缺的文化艺术享受，正因为如此，刺绣技艺得以不断传承和发展，历经千年生生不息。

图5-2　唐代"大红罗地盘金绣半臂"（资料）

图5-1　唐代"白绢地牡丹双鹅绣片"（资料）

图5-3　宋代《瑶台跨鹤图》（资料）

2. 刺绣产品的艺术特点

首先是刺绣的艺术特性。所有绣品，究其制作动机，都是为了展现美、创造美，图案设计和精心制作的过程，都寄托着刺绣本人或委托人的一种爱美之心或精神寄托。刺绣作品的图案纹样包罗万象、应有尽有，其强烈的艺术感染力引发了巨大的市场需求。爱美之心和艺术创作的冲动成为刺绣艺术不断创新和发展的源动力。

其次是刺绣的工艺特性。刺绣是一门简单易学又复杂高超的手工技艺。说其简单，是因为在织物上用一根绣针和几色丝线，就可以绣出心仪的纹样，因此普及面很广。而刺绣精品，如书画、风景、人像及有特殊要求的作品，对刺绣技艺的要求又十分复杂，画面变化也很丰富。一幅绣品上采用多种技法，几十种甚至上百种不同色彩的丝线十分普遍。对艺术表现的追求又促使刺绣大师孜孜不倦地探索和创新刺绣的技法与工艺，使刺绣得到不断提升和发展。

再次是刺绣的地域和民族特性十分明显。刺绣长期以来以妇女为主，过去的女红均足不出户，流动性不强，因此受到地方文化的影响很深，民族文化特色明显。中国五十六个民族都有本民族特色的织绣艺术传承，又有着自己不同的技艺风格。

苏绣以平、齐、细、密、匀、和、顺、光八字为特征，列"四大名绣"之首，被称为东方艺术的明珠（图5-4）。

粤绣（又称广绣、潮州绣），以色彩浓郁艳

图5-4 苏绣局部

丽、纹样装饰性强、构图繁密著称（图5-5）。

图5-5 粤绣局部

湘绣擅长画绣结合，尤其是动物绣，皮毛质感很强，形象生动逼真，栩栩如生。

蜀绣以吉祥喜庆题材为主，用针工整光亮，强调浓淡晕染效果，掺色柔和，一气呵成（图5-6）。

图5-6 蜀绣局部

京绣受宫廷影响，作品精细，清雅秀丽，用料讲究，色彩则有瓷器中粉彩、珐琅色的宫廷韵味（图5-7）。

图5-7 京绣局部

各少数民族的绣品具有各自的民族特色，如藏族的刺绣唐卡、苗族的绣花服饰等（图5-8）。

由此可见，中国刺绣是一门普及面广，又蕴含复杂高超的技艺；既有大众喜闻乐见的普通绣品，又有艺术水准很高、费工耗时、价格不菲的奢侈品；既有几千年传统的纹样、技艺和风格传

图5-8 少数民族的绣品

承，又有非常时尚、充满时代气息的创新设计的中华丝绸的艺术门类。

第二节 刺绣的分类和针法

1.分类

刺绣的产品为绣品。绣品的分类十分复杂，由于刺绣分布十分广泛，品种繁复，各地的风格习惯不同，称谓也不尽相同。

按地域分，有苏绣、湘绣、蜀绣、粤绣、京绣、鲁绣、藏绣、苗绣、壮绣等。

按装饰表现形式分，有双面绣、单面绣、条屏绣、卷轴绣、绣片镜心等。

按所用的材料分，有真丝绣、发丝绣、羽毛绣、绒线绣、丝带绣、珠宝绣及其他以所用材料称呼的绣品。

按绣品的用途分，有服饰绣（即在各类服装饰品上绣花）、书画绣（用于展现书法、绘画原作风采）、装饰绣（主要用于环境布置，如美化

厅堂、书房、卧室，或婚礼祝寿等活动）等。

古代按绣品层次的不同还可以分为宫廷绣和民间绣等。

以上不同前提下的分类，常用于商业交流活动，而从相对专业的角度分类的话，笔者认为还是取决于工艺特点——绣法和针法，比如平绣、乱针绣、盘金绣、纳纱绣等，这种分类能比较充分地体现绣品的工艺特点和艺术风格。而从绣品的功能出发，则可以分成两个大类：艺术绣品和服饰绣品。所谓艺术绣品，是纯粹用于艺术观赏的绣品，如中外名人字画的绣品，又如大小刺绣摆件、挂件等；所谓服饰绣品，则是指服饰、鞋帽、包袋、围巾、床上用品等与人们家居生活密切相关，可以直接应用的绣花物品。

2．绣法

关于绣法（具体指针法），清末江苏吴县人沈寿晚年著《雪宧绣谱》，分绣备、绣引、针法、绣要、绣品、绣德、绣节、绣通共八章。沈寿把刺绣针法总结成18种，即齐针、戗针（正戗、反戗）、单套针、双套针、扎针、铺针、刻鳞针、肉入针、羼针、接针、绕针、刺针、扯针、施针、旋针、散整针、打籽针。笔者观察了不少绣品实物，结合各家对绣针法的表述，认为刺绣技艺大致可归纳为以下八大类基本绣法。

（1）平绣

又名齐针，这是刺绣最基本的针法。按不同排列方向可分直平针、横平针和斜平针三种，在平针的基础上将针脚镶嵌产生晕色效果，又称套针。套针又分单套针、双套针和集套针，并在排列平齐的基础上又产生戗针和掺针等（图5-9）。

图5-9　平绣

（2）绞锁绣

又称套花绣、辫绣，这是中国刺绣最古老的针法，是由一个个绣线圈环环相套形成，形如锁链的辫股状，一般用于饰纹边缘，使边缘清晰而富有立体感，其成品耐洗实用（图5-10）。

图5-10　绞锁绣

（3）经纬绣

又称纳纱绣或戳纱绣，即在纱底面料（图5-11）

或纹罗面料上（图5-12），按经纬或斜向有规则地缠绕成纹的绣花，与国外的十字绣异曲同工。经纬绣又分纳纱、戳纱、缠纱等不同针法。

图5-11 经纬锈纱底面料

图5-12 经纬锈纹罗面料

（4）钉线绣

即盘金绣，又称辑线绣，是用较细的丝线将较粗的或特殊的绣线缠钉在织物绣面上形成轮廓或图案的一种绣法（图5-13）。

（5）打籽绣

又称结子绣、疙瘩绣，也是中国古老的传统

图5-13 钉线绣

绣法之一，是在绣面上用丝线挽扣成环状粒子，均匀排列成花蕊或其他各种图形，其立体感很强，有绒圈效果，应用广泛（图5-14）。

图5-14 打籽绣

（6）立体堆花绣

又称高绣、铺花绣，其特点是将所绣图纹根据画面布局，在绣品下面垫出立体效果，然后缠绣成形，一般用于动物的躯体、头部、鳞片等部位，使平面的绣品变得立体而生动（图5-15）。

图5-15 立体堆花绣

（7）乱针绣

乱针绣采用多种色丝不规则排列的针脚，产生不同的明暗色彩效果的绣法。该针法源于仿文人书画晕色需要，尤其适用于各种油画、人像和风景

图5-16 乱针绣

画面，色彩明暗变化十分丰富，效果甚佳（图5-16）。

（8）珠宝绣

为达到某种特殊的艺术效果，将珍珠、珊瑚珠、珠片等珍贵而亮丽的小饰品用丝线按图纹要求缠、钉成绣品，常用于服装饰品的点缀之处（图5-17）。

图5-17 珠宝绣

以上八类基本绣法，每种又能延伸出很多变化和具体针法，同时，一件刺绣作品中经常会运用多种绣法，由此可见刺绣的工艺变化是无穷无尽的。但是根据每一件作品的主要表现针法和主题，还是可以比较清楚地确定一件绣品工艺性的命名，从而使刺绣作品的分类和命名趋向清晰与规范。

第三节 刺绣艺术赏析

刺绣作品与丝绸一样既是实用的、又是艺术的,既是物质使用的、又是精神享受的。刺绣工艺品往往倾注了艺人深切的情怀和寄托,成为一种无声的艺术表达。现将以下藏品分类赏析。

1.饰品类绣品

饰品类绣品虽为小件刺绣,但大多精心设计制作,工艺精良,寓意明朗,富有时代特征。

图5-18 清代土黄暗提花双面绣花长丝巾

绣品1 清代土黄暗提花双面绣花长丝巾(图5-18),规格:87厘米×32厘米。本件藏品的特点为织绣结合,织造上采用染色丝织出平纹底、斜纹花卉的暗花效果,两头织出方格纹暗花,刺绣则采用双面同花同色,绣牡丹寓意富贵(图5-19),同时在丝巾的两头还织进粗纬线,形成不同风格和定位效果,是古代手工织绣结合丝巾的精品。

图5-19 清代土黄暗提花双面绣花长丝巾局部

图5-20　清代四大美女绣花袖口一对

绣品2　清代四大美女绣花袖口一对（图5-20），单幅规格：8厘米×50厘米。本件藏品在白色花绫的绸面上绣出古代四大美女和亭台楼阁、树石花草，在方寸之处所绣的人物栩栩如生（图5-21，图5-22，图5-23，图5-24），同时技法上采用了大量打籽绣、钉金绣、平绣相结合的绣法，使画面的人物形象、服装和背景的不同质感形成对比，立体效果强，艺术效果佳，是服饰绣花中的精品。

图5-21 清代四大美女绣花袖口局部(一)

图5-22 清代四大美女绣花袖口局部(二)

图5-23 清代四大美女绣花袖口局部(三)

图5-24 清代四大美女绣花袖口局部(四)

图5-25 多子多福绣花枕顶

图5-26 人物图案绣花帽褂三件

绣品3 多子多福绣花枕顶（图5-25），规格：20厘米×18厘米。此作品采用盘金和平绣的针法，在大红绸面上绣出童男童女和石榴，四角上绣有蝙蝠、牡丹，寓意多子多福、吉祥平安。

绣品4、绣品5、绣品6 人物图案绣花帽褂三件（图5-26），单件规格：21厘米×9厘米。此三件藏品为清代富贵人家帽子后的挂饰，绣品虽不大，但绣得十分精细，人物形象生动。其中一件为女子手持一鱼，寓意年年有余、丰衣足食；另两件则绣了八仙人物之一，寓意避邪驱害、平安佑福。

图5-27　32片绣花云肩

绣品7　32片绣花云肩（图5-27），规格：外径32.5厘米。该藏品由32片色彩不同、花草图形不同的小绣片组成，内层16片围钉成黑色圆形，每片上绣有图形不同的花草，绣工精细、清雅，为典型的江南风格服饰绣佳品。

丝绸艺术赏析 SILK ART APPRECIATION

第五章 锦上添花的刺绣艺术

图5-28 蝙蝠图形绣花云肩

绣品8 蝙蝠图形绣花云肩（图5-28），规格：直径38厘米。本件藏品有以下几个特点：一是图形奇特，如四只蝙蝠向心而围，蝙蝠身体和翅膀呈灵芝如意之形；二是采用多色绸面和多种花草、莲枝、荷花、莲藕图案，绣工细致、清雅；三是每一个小片的边道均用三色和不同边饰处理，以显富贵、华丽，是一件清代大家闺秀精工细作的刺绣精品。绣品不仅有浓郁的江南气息，而且有漂亮的装饰艺术效果。

图5-29 双耳花瓶款绣花插袋

绣品9 双耳花瓶款绣花插袋（图5-29），单件规格：10厘米×16厘米。这是一对采用经纬纳纱绣法、菱形地纹图案上绣有国花牡丹，配有双耳、形似花瓶的绣花插袋，比较少见。

图5-31 《三民主义》绣花钱包（资料）

图5-30 《晚节弥香》绣花钱袋

绣品10 《晚节弥香》绣花钱袋（图5-30），规格：10厘米×15厘米。其特点是采用平绣和盘金绣技法，字画结合，绣有花草，寓意清高洁雅，而"晚节弥香"为自勉之词。此物人文气息浓重、寓意高雅，不失为小件绣品佳作。

绣品11 《三民主义》绣花钱包（图5-31资料）。这是民国时期具有民主意识的青年以绣花钱包为载体，表达对"三民主义"信仰的一个物件，图案采用花草和小鸟表达对自由和未来的向往，具有强烈的时代特征。

丝绸艺术赏析 SILK ART APPRECIATION

图5-32　绣花香囊挂件

绣品12　绣花香囊挂件（图5-32），规格：主体8厘米×12厘米，穗长13厘米。这是一件十分精美的绣花小挂件，上下四层拼绣而成，顶层放了画像，中层绣有福娃、花卉，绣法上除平绣外，还采用堆花绣和锁绣等，加上串珠挂穗，使绣品香囊显得亮丽而精致。

绣品13　绣花三寸金莲（图5-33），规格：11厘米×10厘米。这是一双造型十分优美的绣花金莲（古代女子小脚鞋），应是民国时期作品，两边鞋帮绣有圆形梅花纹，是一件十分精美的工艺品。

图5-33　绣花三寸金莲

2.服装类绣品

图5-34 藏青缎地盘金银线绣花补子

绣品14 藏青缎地盘金银线绣花补子（图5-34），规格：32厘米×30厘米。这是一件清代一品文官补子，主要采用盘钉金线、银线和少量平绣的刺绣工艺（图5-35），在深藏青的绸缎上绣出仙鹤、海波、山石等，并在祥云中绣有暗八仙纹样和蝙蝠，绣工精细，为典型的官府造办坊织绣。

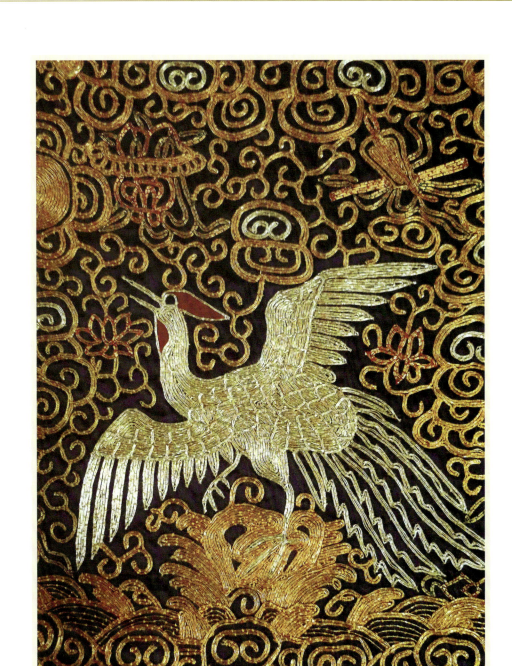

图5-35 藏青缎地盘金银线绣花补子局部

图5-36 花罗地绣花围裙局部

绣品15 花罗地绣花围裙（图5-36局部），规格：76厘米×73厘米。本藏品的特点为：面料为清代手工织造的莲枝牡丹纹提花绞罗，上面绣有牡丹花纹，在裙边加花边和绣花，用两种蓝色丝线分别绣了蝴蝶、回纹以及八仙祥云等，绣品图案层次丰富，精细富贵。

图5-37 民国绣花童袄

绣品16 民国绣花童袄（图5-37），规格：80厘米×38厘米。这是一件在大红真丝缎上绣有一个老寿星人物和花草图案的儿童夹上衣，里料为印花棉布，在斜襟、袖口和下摆均嵌拼精美的花边，整件服装显得富贵华丽。

图5-38 清末绣花童装

绣品17 清末绣花童装（图5-38），规格：61厘米×45厘米。该童装绣花工艺精细，分别采用平绣、盘金绣和缠花绣等工艺，尤其在边道的装饰、造型、滚边和花边制作上十分讲究，具有典型的晚清遗风。

图5-39 民国女童上衣

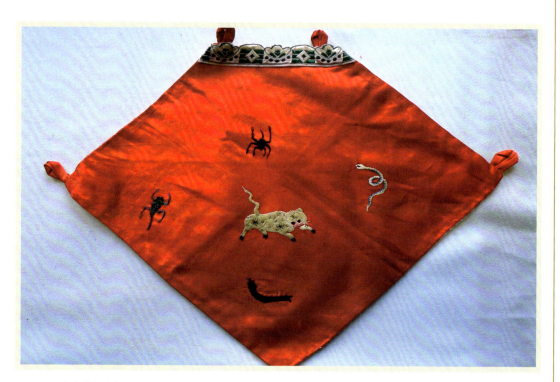

图5-40 儿童绣花肚兜

绣品18　民国女童上衣（图5-39），规格：70厘米×36厘米。这件童装的特点是一件衣服上融合了三种制作工艺，即面料用的是真丝提花绸，上面绣花，而内层用的是印花棉布，反映了民国时期织、绣、印一体的服饰装饰特点。

绣品19　儿童绣花肚兜（图5-40），规格：31厘米×27厘米。在大红绸缎上精心刺绣了蜘蛛、蛇、蜈蚣、蝎子四种有毒小动物。民间习俗中有毒符在身则百毒不侵、消灾祛病、福禄健康平安之说。中间绣一白虎，说明小孩属虎，可见为母的良苦用心。

图5-41 清代龙凤图案绣花围裙局部

绣品20 清代龙凤图案绣花围裙局部（图5-41），规格：中间主飘带18.5厘米×28厘米，两侧4片小飘带各9厘米×28厘米。此藏品为一条清代贵妇人所用围裙前的五幅绣花飘带的局部，中间为一条升龙戏珠，两边各有升凤降凤一对，龙纹下有海水、山石、祥云、蝙蝠，龙体为金线盘绣，其余图案均用多种蓝、白色丝线平绣而成。龙凤形象生动、绣法规整，为典型的官宦人家用品。

丝绸艺术赏析 SILK ART APPRECIATION

图5-42　龙纹绣花无袖上衣正面

绣品21　龙纹绣花无袖上衣（图5-42正面，图5-43背面），规格：72厘米×85厘米。这是一件云贵地区苗族上层贵族服用的绣花上衣，在黑色细布上采用盘金绣工艺，正面绣有四条龙纹，两条升龙、两条降龙，其中两条为二龙戏珠纹，背面绣有两条大升龙，下摆绣有三条形状各异的花边，其龙形简洁大气、细部各异、形象灵动，为少数民族服饰绣的精品。

图5-43 龙纹绣花无袖上衣背面

图5-44 清代一品夫人绣花上衣正面

图5-45 清代一品夫人绣花上衣背面

图5-46 清代一品夫人绣花上衣局部

绣品22 清代一品夫人绣花上衣（图5-44正面，图5-45背面，图5-46局部），规格：120厘米×72厘米。这是一件传世的清代对襟款式绣花夹袄。面料采用元色（即黑色）真丝缎。整件衣服上绣有极其精美的八个圆形仙鹤五谷图案，这是清代典型的一品文官补子上的纹样，下摆和袖口部位绣满了海浪、牡丹花卉纹饰，更为难得的是在海波中还绣有一对鸳鸯，同时，对襟、下摆和袖口缝有花边，对襟下部有一对绣花飘带。整件服装给人以富贵、正统、精美、大气的感觉。该绣花上衣有服用过的痕迹，是一件十分精致的清代传世绣花服装。

图5-47 蜀绣龙纹道袍正面

图5-48 蜀绣龙纹道袍局部

图5-49 蜀绣龙纹道袍背面

绣品23 蜀绣龙纹道袍（图5-47正面，图5-48局部，图5-49背面），规格：118厘米×110厘米。这是一件绣龙纹的清代道袍，有明显的蜀绣风格，其中主图是正龙造型，饱满生动、线条流畅、动感十足。海水山石、波浪祥云、蝙蝠牡丹浑然一体，所有蓝、紫、红、绿及金黄配色充满了清代以蓝、紫为贵的祥福之气。作品有很强的视觉冲击力，绣工十分精细，是一件难得的传统服饰刺绣艺术佳作。

丝绸艺术赏析 SILK ART APPRECIATION

图5-50 清代盘金绣花道袍正面

图5-51 清代盘金绣花道袍局部

图5-52 清代盘金绣花道袍背面

绣品24 清代盘金绣花道袍（图5-50正面，图5-51局部，图5-52背面），规格：150厘米×120厘米。该绣品面料用深蓝竹菊纹花罗、大红团花提花绸，另配翠绿和土黄提花绸，里料为亚麻平纹织物。绣法以大量的盘金绣加黑色锁绣边框为主，少量彩色平绣及其他辅助绣花技艺。道袍背面的图案十分繁复：双龙戏珠；双狮舞球；☰乾、☷坤、☳震、☴巽、☵坎、☲离、☶艮、☱兑八种经卦图，之间有横笛、宝剑、宝扇、花篮、葫芦、笊篱、鱼鼓、阴阳板暗八仙纹；中心部分28颗金珠成圈，内有珠光宝塔；整个图文中还绣有羊、鹅、花草、蝙蝠等吉祥纹样。道袍正面绣有一对凤穿牡丹纹样。本件藏品用料讲究、绣工精细、品相完好，是一件难得的宗教传世织绣精品之作。

3.观赏类绣品

图5-53 《水鸟》绣花小品

绣品25 《水鸟》绣花小品（图5-53），规格：27厘米×17厘米。本藏品采用盘金绣钩边、绣框，平绣填色，两只水鸟和荷花表现出强烈的装饰图案效果，令人赏心悦目。

绣品26 《刀马图》绣品（图5-54），规格：50厘米×53厘米。这是一幅描绘古代战场争斗场景的绣品，采用平绣和盘金绣，26个人物形态各异，栩栩如生，下半部绣有海水云纹，绣品的底部面料为大红色绢和赭色绢，两块拼接，虽年代久远，部分残缺，但具有一定的研究和欣赏价值。

图5-54 《刀马图》绣品

丝绸艺术赏析 SILK ART APPRECIATION

第五章 锦上添花的刺绣艺术

绣品27 清代凤穿牡丹绣品（图5-55，图5-56局部），规格：24厘米×39厘米。这是一件在土红真丝缎上绣有中国经典纹样凤穿牡丹的绣品挂件，左右及下边绣有纹饰花边，主图绣有一只立凤，形象生动，图中还有一只小鸟及一对蝙蝠、牡丹花叶、竹子，寓意吉祥福寿。此绣品的用色十分独特，各种绿色和蓝色协调雅致，有明显的宫廷织绣的特征。

图5-55 清代凤穿牡丹绣品

图5-56 清代凤穿牡丹绣品局部

图5-57 《汉寿亭侯》绣花挂件

绣品28 《汉寿亭侯》绣花挂件（图5-57），规格：92厘米×121厘米。本藏品应为供奉之物，采用平绣和盘绣工艺，在上下两块青色绸缎上分别绣有"汉寿亭侯"和"关"，在其四周用红绸绣有32个"寿"字形成边纹，并在上下两块绣品的下方挂上珠穗。本品做工精细，制作时间应为民国时期。

绣品29 狮子滚绣珠图刺绣挂件（图5-58），规格：45厘米×88厘米。本绣品的主要特点：一是多种绣技结合，分别有平绣、盘金绣、广片和玻璃管绣以及结网挂珠穗；二是图案和色彩明显带有广东粤绣的风格。

图5-58 狮子滚绣珠图刺绣挂件

图5-59 《气象满堂》绣花堂幔

图5-60 绣花堂幔局部（一）　　图5-61 绣花堂幔局部（二）　　图5-62 绣花堂幔局部（三）　　图5-63 绣花堂幔局部（四）

绣品30　《气象满堂》绣花堂幔（图5-59），规格：280厘米×48厘米。这是一幅用于特定礼仪活动，挂在厅堂的装饰性绣花挂件，其特点：一是在红蓝染色布上用了多种绣花技法，如平针、锁针、盘针、堆绫绣等；二是图案采用传统八仙题材，而八仙均配有吉祥动物的坐骑，较为奇特（图5-60，图5-61，图5-62，图5-63，图5-64，图5-65，图5-66，图5-67）；三是堆绫绣字加字的四周均绣有黑边，感觉凸出饱满；四是藏品下沿挂满珠子和丝须。本藏品纹样有一定的艺术欣赏和研究价值。

图5-64 绣花堂幔局部（五）

图5-65 绣花堂幔局部（六）

图5-66 绣花堂幔局部（七）

图5-67 绣花堂幔局部（八）

图5-68 民国京绣花鸟六幅小屏风正面

绣品31 民国京绣花鸟六幅小屏风（图5-68正面，图5-69背面），单幅规格：20厘米×81厘米。这是一件比较少见的北京韵味很浓的绣品，六幅小条屏上分别绣有燕子、野鸭、蝴蝶、白鹭、画眉、仙鹤以及与之相配的柳、荷、牡丹、芦苇、山茶、石榴等花草，画面构图得体，形象逼真生动，尤其是丝线的色彩有一种京城官窑粉彩瓷器的韵味，条屏下方所绣正方蓝布上的花也十分精美，条屏的背面有一首24句的五言诗，落款"北京南城戴奇"，最后一句"暂去还来此，幽期不负言"，可见此件藏品为有约之物，比较珍贵。

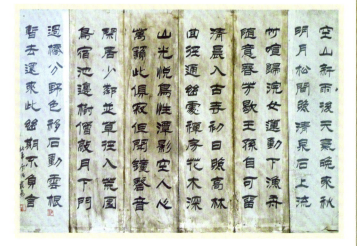

图5-69 民国京绣花鸟六幅小屏风背面

图5-70 清代《喜得贵子》满地盘金绣品

绣品32 清代《喜得贵子》满地盘金绣品（图5-70），规格：50厘米×42厘米。这是一幅官人喜得贵子的贺喜绣品，其主要工艺特征是采用满地钉金线的刺绣工艺，同时用盘金绣勾出图纹、轮廓，再施平绣，满地钉金线用工量很大，绣品金光熠熠、喜气富贵。

绣品33 福禄寿人物刺绣条幅一对（图5-71），单幅规格：30厘米×114厘米。这是一对以平细针法为主的典型苏绣作品，构图自上而下，采用工笔重彩画法，表现了中国传统的福禄寿形象，人物造型比较准确，相貌和顺，绣法平整精细，具有一定的观赏和收藏价值。

图5-71 福禄寿人物刺绣条幅一对

图5-72 清代本色降龙金银绣花罗正面

图5-73 清代本色降龙金银绣花罗背面

图5-74 清代本色降龙金银绣花罗局部

绣品34 清代本色降龙金银绣花罗（图5-72正面，图5-73背面，图5-74局部），规格：35厘米×68厘米。这件藏品非常罕见，虽然幅面不大，但十分素雅精致。从图案来看，一条五爪龙从天而降，栩栩如生，龙须丰满，龙身饱满有力，海浪起伏，宝山凸起，云彩飘逸，所用线条十分流畅，动感十足，艺术效果极佳，有较高的观赏和研究价值。

从工艺看，有三处特色，一是纬向用线只有三种：圆金线、圆银线和黑丝线。其中圆金线的包裹密度较大，而圆银线非常特别，采用了间隙包裹的方法，这样包裹的丝线可以使得织物产生断续闪光的效果。二是面料采用横绞罗组织。在绣花仿妆花织成中，采用罗地是非常少见的。三是三股显花纬线均采用分区来回刺绣的方式，形成妆花织成的效果因而这是一件十分罕见而珍贵的织绣结合精品佳作。

图5-75 《人民大会堂》经纬绣品

绣品35 《人民大会堂》经纬绣品（图5-75），规格：76厘米×52厘米。这幅绣品采用经纬十字绣针法，依据相关图片绣出人民大会堂外景，透视和比例准确，色调明朗，从两边红色的标语内容看，应制作于20世纪六七十年代。

图5-76 《鲁迅》戳绒绣

绣品36 《鲁迅》戳绒绣（图5-76），规格：19厘米×22厘米。这幅绣像非常有特点：一是绣法采用单面绒绣技法，立体感很强；二是用色简洁明快，黑白对比强烈；三是采用木刻版画效果，形象生动逼真，把鲁迅先生的造型和风采表现得十分传神，艺术韵味浓郁，是一件难得的绒绣艺术小品。

第六章
现代丝绸艺术

改革开放30多年来,中国丝绸业发生了巨大的变化,丝绸产业面临着巨大的挑战和历史性机遇。有关现代丝绸艺术的概念、构成要素、产品分类、加工工艺和艺术特点,笔者参考大量资料并结合自身藏品,做一试探性介绍和分析,抛砖引玉,意在共同推进丝绸文化艺术的传承和发展。

第一节 现代丝绸艺术的要素和分类

1. 丝绸艺术的要素构成

丝绸不仅仅是一种高贵、环保的服饰用料,更是十分珍贵的具有文化内涵的艺术珍品,几千年来,丝绸人对丝绸文化艺术的追求、传承和创新从未停止过。那么,怎么理解现代的丝绸艺术呢?笔者认为,以丝或绸为原料或载体,在图纹款式创新设计的基础上,运用织、绣、印、绘、缝等工艺技术制作而成,具有一定艺术观赏价值的绸缎或其制品,均可视为丝绸艺术品。而丝绸的艺术性则通过这些产品得以展示和表现。丝绸艺术品的概念包涵了三个基本要素:一是产品以丝、绸为材料和载体;二是产品有特定的设计和制作工艺;三是产品具有一定的艺术表现力。

这三个要素构成了丝绸艺术品的基本内容和生成过程。因此,现代丝绸艺术应围绕创新材料、创新图案、创新款型、创新工艺技术,不断制作出适合市场不同层次顾客需求,材料、技术、产品和艺术完美统一的丝绸艺术制品,从而使丝绸文化得以继承和弘扬。

2. 关于分类

现今漂亮的丝绸艺术品林林总总，品种繁多，我们尝试根据产品的基本属性将丝绸艺术品分为实用性和观赏性两个大类。

（1）实用性丝绸艺术品

其主要产品是丝绸服装、围巾、领带、日用饰品、床上用品、厅堂装饰品（如窗帘、墙布）、汽车内饰等日常生活用品。这类产品是为了满足客户的使用需求，在图纹上，多以花卉、几何图形、动物图形、传统纹样为主，色彩趋向流行色，款式上趋向时尚。为了追求美术效果，一个产品往往运用几种工艺，如织、绣、印结合制作而成（图6-1）。

图6-2 龙纹缂丝摆件

（2）观赏性丝绸艺术品

也称为丝绸文化产品，其产品的形式有镜框壁挂、大小立屏、横竖卷轴、书画册页、屏风等。这些以观赏为目的的丝绸工艺品，其图纹内容主要为人物肖像、风景名胜、书法绘画、纪念图片、摄影作品等。

现代的丝绸艺术产品均可归纳到以上两个大类中去，它们的加工均可通过织造、刺绣、印染、绘画、缝制等工艺完成（图6-2）。

这两个大类的产品都有各自丰富的品种和层次，从消费和经营的角度看都可以作为礼品、旅游纪念品，其中的精品都是艺术佳作，具有一定的观赏和收藏价值。

图6-1 真丝绸手工绘画描金钉珠绣花复合丝巾局部

除了按照属性分类外，还可以按照不同的具体产品分类，分为丝绸面料、服装饰品、床上用品、装饰用品、工艺礼品五个大类。这种从使用角度的分类比较直观和商业化，也比较实用，在实际经营活动中被广泛运用。

第二节　现代丝绸艺术品的主要加工工艺

一件高档精美的丝绸艺术品，必须经过精心的设计选材，对图和形进行创新，选准与之匹配的加工途径和工艺技术，方能保证产品的制作、艺术效果和经济价值。而选择相对应的加工工艺是保证质量和效果的关键。丝绸制品的加工途径和工艺技术复杂而丰富，以笔者多年的实践和观察，现代丝绸艺术制品的生产加工工艺，可以分为五个基本大类：织造类、刺绣类、印染类、绘画类和缝制类，简称织、绣、印、绘、缝五大基本工艺技术门类。每一个门类都是一个非常专业的技术领域，其中又包含了许多不同的特定技艺。

1. 织造工艺

这是丝绸加工中最古老、品种最多、技术也最为复杂的工艺。从艺术表现看，丝织品中锦类织物的表现力最强，从"织彩为文曰锦"的概念出发，自古以来的经锦、纬锦、各地名锦、民族织锦、色织花罗、手织缂丝均属此类，其中很多名贵品种及其工艺已经成为世界非物质文化遗产。现代织造可分为手工织造和机电织造两大块。机织包括有梭、无梭（剑杆织机、喷水织机、喷气织机、片梭织机）、针织、提花及数码电子提花和数码控制引纬等专用设备和工艺。手工织造有缂丝、云锦中的妆花、复杂的绞罗以及手工编织的真丝艺术挂毯等，其中纯手工织造的丝绸珍品价值不菲，具有相当的观赏和收藏价值，如缂丝和手工编织的真丝艺术挂毯等（图6-3）。

图6-3　1000道精细真丝艺术挂毯

2. 刺绣工艺

刺绣以绣品用途不同，可以分为服饰绣和艺术绣两大类；从加工工艺看，有手工绣和机绣两大类。其中以观赏性为主的艺术绣，无论是表现题材还是刺绣工艺，近年来均发展较快，一些名家大师的作品，市场评估价值不菲。电脑绣花的工艺绣品也在开发（图6-4），成为价廉物美的旅游工艺品。

图6-4 苏州博物馆形象电脑机绣品

3. 印染工艺

现代印花工艺大致可以分为传统丝网台板单色印花、多套色印花、丝网四原色印花、数码喷射印花，以及与印刷技术结合的喷绘印花等。从艺术效果分析，传统丝网印花保持了图案清晰、精度高和渗透性好以及色牢度强的优势，不足的是色彩过渡无级变化效果较差，因此适合加工传

图6-5 精细丝网鸟纹印花方巾局部

统的以点、线、块、面为主要图案的实用性丝绸工艺产品（图6-5）。

四原色丝网印花工艺，是在丝网印花的基础上借用彩色印刷的红、黄、蓝、黑四色细点疏密排列，表现画面色彩明暗效果的印花方式。20世纪80—90年代，苏杭各地印花企业均采用这种技术，纷纷试验印制了大量丝绸艺术品（图6-6）。这种工艺虽然克服了传统泥点、劈丝色彩过渡的缺点，但由于丝网精度的局限，明显感觉色彩粒子太粗，精细程度不足。在数码喷射印花出现后，这种印花工艺逐渐被淘汰。

图6-6 四原色印花仕女图局部

21世纪初，喷射印花技术被广泛引进和应用。其色点的细度和密度均大大超过丝网四原色印花，分辨率高，对图画色彩无级转换和明暗层次的要求，均能达到高仿真程度，尤其适合表现西方油画和中国画的渲染过渡色的效果（图6-7），目前已成为表现艺术印花的首选

工艺。喷射印花工艺技术的日趋成熟极大地促进了丝绸印花和丝绸服饰产品的创新和发展。

图6-7　国画竹鸟图局部

图6-8　拙政园诗画

近些年来，还出现了一种完全借用四色印刷技术，并在特制极细腻的真丝绸面上印绘精美书画的印花工艺，其精细程度超过了喷射印花工艺，大量用于对像景书画的印制上（图6-8），形成一种全新的丝绸工艺品种，一般称为丝绸印绘工艺品，其特点是画面精细，成本相对低廉。但是这种工艺不能直接用于服饰面料。

4. 绘画工艺

这是一门古老的丝绸绘画工艺。古代称为帛画，在当代工艺品中有绢画一类（如绢扇面和册页）。而在丝绸服饰上应用的手绘工艺，由于印花技术的产业化和手工绘制自身成本较高的因素，一直未能得到充分发展，图案大多停留在工笔花卉和过渡染色上。随着社会经济的发展、消费能力的增强和对文化艺术观赏需求的增加，以独特艺术效果著称的个性化手绘艺术正在逐步得到市场的认可并有所发展（图6-9）。当今已经

有一些在丝绸上手工绘制风景画、工笔画和写意国画等的艺术品出现，还有一些十分高雅的丝绸美术作品——当代帛画不断出现，这些都提升了丝绸的艺术空间。

图6-9　真丝手绘方巾图案局部

在丝绸绘画工艺中还有一种喷花工艺，通过喷枪将色浆以雾状喷绘在绸面上，形成花卉图

案，使画面产生一种朦胧漂浮的美感。另有一种手绘工艺，其产品称为金彩画（图6-10）。金彩画是在高档真丝绸上，用金粉、银粉、箔等做颜料，运用渲染、勾勒、熨烫等工艺技法精制而成，产品主体明亮突出、色彩丰富、画面厚重、光灿夺目，给人以温馨、独特的艺术效果。

针织面料）采用不同的设备和工艺，缝制的效果主要取决于产品的形体设计，但缝制的精细程度对成品的影响不容小觑。

图6-11　手工缝制的民国织锦短袄

图6-10　金彩画

5．缝制工艺

这是丝绸面料形成服饰制品的一道不可缺少的加工工序，也是一项十分古老的技艺，现代可分为手工缝制和机械缝制两种。手工缝制常用在高档服饰或个性化服饰中（图6-11），或特殊加工，如手工卷边缝制、中式纽扣钉制等；而机械缝制被广泛应用于各式现代服饰、箱包、床上用品以及各级丝绸制品上，有平缝、包缝、花式缝等不同工艺，针对不同的面料特性（如梭织和

运用以上各类加工工艺和技术，丝绸的艺术效果无论是在实用的服饰制品上，还是在观赏用的丝绸工艺品上都能得到充分的展现。随着中国社会的持续发展，经济的持续增长，生活水平的持续提高，人们对丝绸文化产品的需求，对丝绸艺术享受的需求也会持续增长。尤其是在城市化进程不断深入的大背景下，各类提升都市生活质量的活动（包括人文交往、旅游、环境美化、陶冶情操、投资收藏等）不断升温，人们对文化艺术的需求不断扩大，这无疑孕育着一个巨大的丝绸文化产业市场。这是一个千载难逢的历史机遇。笔者深信，随着国家对文化产业的日益重视和支持，一个百艺竞技、百花齐放的丝绸文化艺术发展新格局正在形成，一个丝绸文化艺术复兴的春天正在向我们走来。

第三节 现代丝绸艺术赏析

1. 手工织锦类

手工织锦指在木织机上，采用手工引纬、打纬、半手工提花织造的彩锦，如缂丝、妆花、绞罗、艺术丝毯等，这是中国传统织锦技艺中的瑰宝。

图6-12 《一团和气》缂丝紫檀木宫扇摆件

织品1 《一团和气》缂丝紫檀木宫扇摆件（图6-12），规格：22厘米×45厘米。这是一件集缂丝艺术和苏工名贵木雕于一体的十分精美的观赏精品。

图6-13 《吴昌硕国画》缂丝红木屏风

　　织品2　《吴昌硕国画》缂丝红木屏风（图6-13），单扇规格：50厘米×195厘米。作者：缂丝工艺师陈晓君。此缂丝精品最大的特色为用缂丝工艺来表现中国画中的写意效果，工艺精湛，形意兼备，是不可多得的缂丝佳作。

图6-14 手工妆花扁金线《飞凤》绸样正面

织品3 手工妆花扁金线《飞凤》绸样(图6-14正面,图6-15背面)。该藏品的工艺特点为采用扁金线织纬。为保证金皮面朝织物的正面效果,采用了手工牵引织纬工艺,而其他提花又采用分区回纬的妆花工艺,织物提花效果显得富贵雅致。

图6-15 手工妆花扁金线《飞凤》绸样背面

图6-16　手工妆花扁金线《花鸟》绸样正面

织品4　手工妆花扁金线《花鸟》绸样（图6-16正面，图6-17背面）。织品3和织品4是两件纯手工织造的织锦绸样，由苏州工业园区家明织造坊织造。

图6-17　手工妆花扁金线《花鸟》绸样背面

图6-18 本白四经绞罗丝巾局部

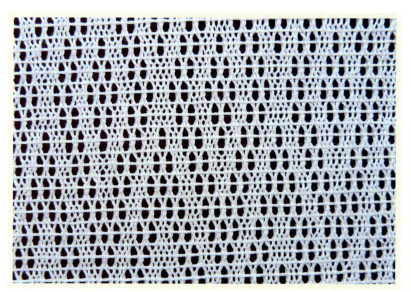
图6-19 本白四经绞罗丝巾细部

图6-20 色织花罗妆花绸样

　　织品5　本白四经绞罗丝巾（图6-18局部，图6-19细部），规格：60厘米×180厘米。四经绞罗是一种十分古老的手工丝织工艺，采用4根经线向左或向右缠绞后引纬交织形成网格或菱形花纹，十分素雅高贵。

　　织品6　色织花罗妆花绸样（图6-20）。这幅绸样提花部分由三种工艺结合织制，其一是镂空的双经绞罗结构；其二是缎组织起花；其三是彩色丝重纬织入，并且采用妆花工艺显花。图案设计巧妙，组织结构复杂丰富、疏密有致、虚实相间，艺术效果十分明显，为手工绸艺之精品。

图6-21 《红楼梦》真丝艺术挂毯

织品7 《红楼梦》真丝艺术挂毯（图6-21，图6-22局部），规格：190厘米×63厘米（不含挂须），密度是每英尺600道。产地为河南省南阳地区。本藏品采用优质桑蚕丝茧，用传统手工抽丝法，经过分拣、干燥、拼丝合股、炼制染色等工序形成色丝，然后按图择机手工挂经编织。匠人左手拿丝线，右手拿刀，前后打结，拉框过纬，拍打砍线，使得色线与图案一样逼真，留丝长度1~1.5厘米，毯面平整。手编挂毯制作十分耗时，本作品共需打结砍丝约450万个结，用时1年左右。高道数的艺术丝毯被称为"软黄金"，是一种越来越稀少的真丝工艺珍品，有极高的观赏和收藏价值。

图6-22 《红楼梦》真丝艺术挂毯局部

2.传统织锦类

传统织锦指采用意匠纹板、机械提花、机械选色、引纬打纬工艺技术织造的彩锦，如各类织锦面料和五彩像景织物。

图6-23 东方锦

图6-24 动物舞人锦

图6-25 如意锦

织品8 真丝经向提花汉唐彩锦面料一组（由天翱特种织绣有限公司和苏州吴绫丝绸精品有限公司合作开发）。这是一组九种不同图案的汉唐彩锦，是在复制古代出土经锦的基础上，采用中国最古老的经向提花工艺，色织而成的彩色织锦，其图案吉祥生动，色彩古朴典雅，纹样奇特，图文兼备，是中国唐代以前经锦技艺与图案艺术完美结合的经典之作。以不同图案来命名，分别为：东方锦（图6-23）、动物舞人锦（图6-24）、如意锦（图6-25）、长乐明光锦（图6-26）、豹纹锦（图6-27）、长寿锦（图6-28）、树鸟锦（图6-29）、团花锦（图6-30）、韩文锦（图6-31）。汉唐经锦非常适合制作名贵的具有中国古代东方元素的服饰制品。

图6-26 长乐明光锦

图6-27 豹纹锦

图6-28 长寿锦

图6-29 树鸟锦

图6-30 团花锦

图6-31 韩文锦

图6-32 《枫桥夜泊》

宋锦艺术画一组。这是一组采用传统宋锦工艺在有梭织机上创新开发的宋锦艺术画。

织品9　《枫桥夜泊》（图6-32），规格：35厘米×48厘米。

织品10　《白度母唐卡》（图6-33），规格：34厘米×46厘米。

织品11　《璇玑图》（图6-34），规格：35厘米×48厘米。

织品12　《品字牡丹》（图6-35），规格：37厘米×35厘米。

织品13　《百子嬉春图》（图6-36），规格：34厘米×51厘米。

织品14　《杨枝观音像》（图6-37），规格：30厘米×60厘米。

此组宋锦画的特点在于织纹细腻清晰，锦面富丽丰满，色彩典雅明艳，文化气息浓郁，是宋锦文化艺术传承发展的佳作。由国家级宋锦非物质文化遗产传承人钱小萍大师工作室与天翱特种织绣有限公司合作开发。

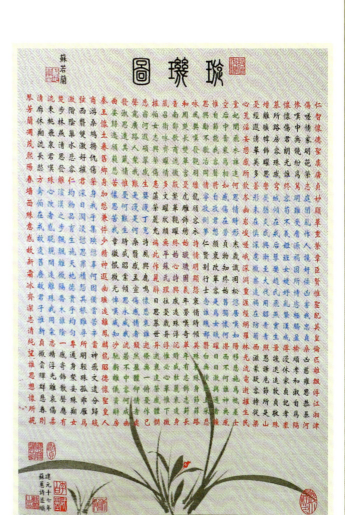

图6-34 《璇玑图》

图6-33 《白度母唐卡》

图6-35 《品字牡丹》

图6-36 《百子嬉春图》

图6-37 《杨枝观音像》

图6-38 宋锦类织物(一)

图6-39 宋锦类织物(二)

图6-40 宋锦类织物(三)

图6-41 宋锦类织物(四)

图6-42 宋锦类织物(五)

图6-43 宋锦类织物(六)

图6-44 宋锦类织物(七)

图6-45 宋锦类织物(八)

图6-46 宋锦类织物(九)

  织品15 宋锦类织物一组九幅(图6-38,图6-39,图6-40,图6-41,图6-42,图6-43,图6-44,图6-45,图6-46)。这是一组借鉴古代和近现代优秀织锦图案,采用传统宋锦工艺织造的全真丝宋锦面料,非常适合制作高档传统服饰用品和装饰用品,由天翱特种织绣有限公司与吴绫丝绸精品有限公司合作开发。

图6-47 《白雪石山水》大型五彩色织风景画

图6-48 《白雪石山水》大型五彩色织风景画局部

织品16 《白雪石山水》大型五彩色织风景画（图6-47），规格：335厘米×125厘米。该藏品是笔者目前见到的采用传统五彩像景织物工艺织造的幅面最大的丝织山水画。经向用本白真丝，纬向为四色人造丝，采用多重纬组织，在3×3多梭箱有梭织机上织造，意匠和纹制规模较大，纹板数约3万张，织制时间应在20世纪80—90年代，由杭州都锦生丝织厂生产（图6-48）。藏品根据著名画家白雪石的山水作品精制而成，画面气势宏伟，明暗层次丰富，是不可多得的大型丝织画艺术精品。

3. 数码织锦类

采用数码意匠电子提花和数控选色引纬工艺技术织造的织锦面料或丝织像景织物。

图6-49 《姑苏繁华图》全卷数码织锦局部

织品17 《姑苏繁华图》全卷数码织锦（图6-49局部），规格：1470厘米×50厘米。《姑苏繁华图》为清朝宫廷画家徐扬在乾隆年间所作，画卷长1241厘米，宽35厘米，画中人物12000有余，工商百业尽显于图。真丝织锦《姑苏繁华图》全卷，将数码提花技术与传统织锦工艺相结合，用10万多根彩色桑蚕丝线，按照原图1:1的比例精心织造而成，全卷长达14.7米，图文清晰、色彩丰富，为同类织锦画中工程量最大的稀世珍品，是丝绸工艺与传统名作完美融合的艺术精品，具有极高的观赏与收藏价值。

织品18 《文徵明国画》数码织锦挂轴（图6-50），规格：35厘米×120厘米。本藏品的主要工艺特点是经纬高密度，纬向四重纬结构，密度超过200根/厘米，因此画面特别细腻，水墨效果自然，像印花一样。

图6-50 《文徵明国画》数码织锦挂轴

图6-51 最小的织绣龙袍

织品19 最小的织绣龙袍（图6-51）。参照传世的清代皇家吉服龙袍实物织造，长19厘米，宽26厘米，以大黄真丝缎为面料，所有图案均用极其精细的手工刺绣工艺完成。上有八条金龙，下有海水江崖纹，整体面积约为实物的六十分之一，图形清晰、比例准确、色彩逼真，以小见大，再现了皇室龙袍的风采，被载入1999年上海吉尼斯"最小的龙袍"纪录（图6-52）。

图6-52 1999年上海吉尼斯"最小的龙袍"纪录

4. 印花类

图6-53 《塔影潮声》单色风景印花丝绸印片

图6-54 《北海虹桥》黑白填彩风景印花丝绸印片

印品1 《塔影潮声》单色风景印花丝绸印片（图6-53），规格：40厘米×29厘米。由上海丝织印片厂出品。20世纪50年代初，上海出现了几家专门生产销售真丝绸上印风景画的企业，采用黑白单色印花工艺，主要图案为各地风景。由于当时技术条件的限制，印点较粗，其艺术表现受到影响。60年代以后就不再生产，现在非常少见。

印品2 《北海虹桥》黑白填彩风景印花丝绸印片（图6-54），规格：74厘米×22厘米。此藏品在单色黑白印花的基础上添加了一些填彩，落款为"章华赛绣赛织厂出品"，并印有（上海市）"闸北宝昌路隆庆里五号"的企业地址。

图6-55　丝网精细印花方巾

印品3　丝网精细印花方巾（图6-55），规格：90厘米×90厘米。丝巾图案以块面线条为主，采用精细丝网印花工艺，保证了图案的清晰度和精密度。

印品4　烂花绒定位印花仕女长巾（图6-56），规格：50厘米×180厘米。根据图案的要求，长巾采用丝网印花工艺精细印花，将部分立绒烂去，形成烂花和定位印花的艺术效果。

图6-56　烂花绒定位印花仕女长巾

图6-57 《苏州旅游纪念》丝网和四原色结合印花丝巾

印品5 《苏州旅游纪念》丝网和四原色结合印花丝巾（图6-57），规格：110厘米×110厘米。由吴绫丝绸精品有限公司开发。这幅丝巾图案的园林照片采用的是四原色丝网印花工艺，而地图部分和边框则采用传统丝网印花工艺，形成两种不同的风格和效果。

图6-58 《香港回归》丝网四原色印花方巾

印品6 《香港回归》丝网四原色印花方巾（图6-58，图6-59细部），规格：110厘米×110厘米。这是一件创作于20世纪90年代末，采用丝网四原色印花工艺的真丝素绉缎大方巾，是当时印花工艺和社会事件结合的一个历史见证。

图6-59 《香港回归》丝网四原色印花方巾细部

丝绸艺术赏析 SILK ART APPRECIATION

图6-60 《张大千花鸟画》真丝数码印花艺术长巾（一）

图6-61 《张大千花鸟画》真丝数码印花艺术长巾（二）

印品7、印品8 《张大千花鸟画》真丝数码印花艺术长巾（图6-60，图6-61），规格：55厘米×180厘米。该产品由苏州吴绫丝绸精品有限公司与苏州博物馆合作开发生产。取材于苏州博物馆珍藏的张大千花鸟国画真迹，采用八色数码喷射印花工艺技，高度仿真地还原了画作的艺术神韵，使艺术长巾不仅具有服饰实用性，更具有高度的观赏性。

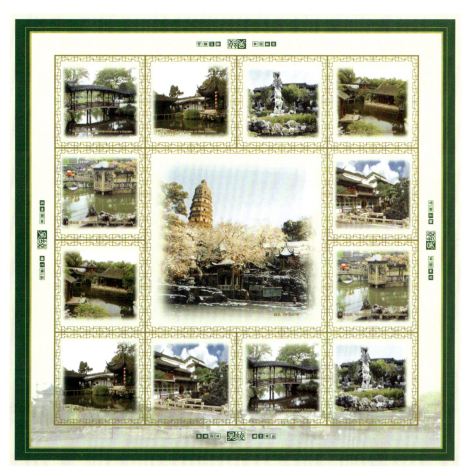

图6-62 《苏州园林》真丝数码印花艺术方巾

印品9 《苏州园林》真丝数码印花艺术方巾（图6-62），规格：100厘米×100厘米。

印品10 《苏州博物馆大厅》真丝数码印花艺术方巾（图6-63），规格：100厘米×100厘米。

图6-63 《苏州博物馆大厅》真丝数码印花艺术方巾

图6-64 《江南织造图》真丝数码印花艺术长巾

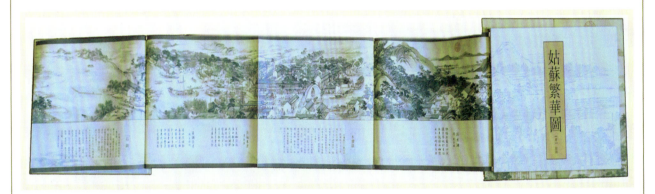

图6-65 《姑苏繁华图》真丝精细印绘八景册页

印品11 《江南织造图》真丝数码印花艺术长巾（图6-64），规格：180厘米×55厘米。

印品12 《姑苏繁华图》真丝精细印绘八景册页（图6-65），单页规格：20.5厘米×26.5厘米。该产品曾获2012年全国丝绸创新产品银奖。

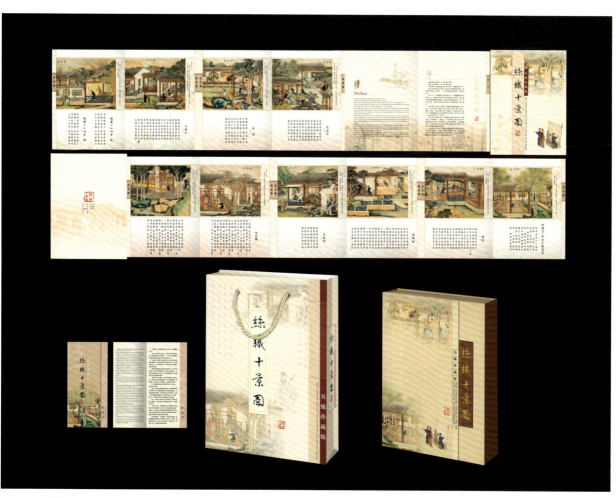

图6-66 《清代织造府·丝织十景图》真丝精细印绘册页（资料）

印品13 《清代织造府·丝织十景图》真丝精细印绘册页（图6-66资料），单页规格：20.5厘米×26.5厘米。清代宫廷画家根据苏州织造府手工织绸的主要工序和劳作场景，精心创作十幅工笔重彩国画。画家运用高超的画技将丝织生产的各类人物、房屋建筑、工器用具、花草树木以及云石背景等描绘得形象生动，比例准确，色彩清新雅致，人物栩栩如生。本丝绸册页经过精心设计，配上精确易懂的文字说明，在高密度真丝绸上采用高分辨全新印刷技术精心制作而成，不仅具有手工丝织工艺技术的研究价值，同时具有极高的艺术欣赏价值。由苏州吴绫丝绸精品有限公司开发制作。附丝织十景图资料（图6-67至图6-76）。

胰煉圖

泡丝工将桑蚕丝放在热水中浸泡一定时间，蚕丝少量脱胶而变得柔软顺滑，方便织绸。

图6-67　胰炼图

染色圖

染丝工根据丝绸图案的色彩要求，给白色绞丝染上各种颜色，变成彩色绞丝。

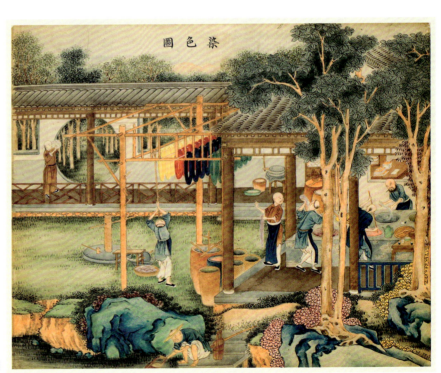

图6-68　染色图

絡絲圖

络丝工将本色或彩色的绞丝经过络丝工序，卷绕在篗子或筒子上，满足下道整经或摇纡工序的退解丝要求。

图6-69　络丝图

牽經圖

整经工将篗子上的本色丝或彩色丝，分条牵挂卷绕在经轴上，以便上机织绸。

图6-70　牵经图

丝绸艺术赏析 SILK ART APPRECIATION

摇紡圖

摇纤工将篗子或筒子上的丝缠绕在工器具纤子上，装入梭子，上织机引纬织绸。

图6-71 摇纺图

接經圖

接头工在织机上把备用的经线与机上即将用完的经丝打结连接，可继续织绸。

图6-72 接经图

挑花圖

挑花工根据意匠图对应的经、纬组织，用棉线挑制成花纹样板，俗称花本。

图6-73 挑花图

倒花圖

倒花工运用花本，与准备上机的牵线兜连，通过牵线连接机上的经线，完成提显花纹的织绸。

图6-74 倒花图

織機圖

织绸工在丝织机上织造平素丝织物或小提花丝织物。

图6-75 织机图

提花圖

拽花工在上面通过提拽花本线，提起经丝，织工在下面投梭引入纬线并打纬，完成织造。

图6-76 提花图

图6-77 《百骏图》绢本

印品14 《百骏图》绢本（图6-77），规格：262厘米×50厘米。在短纤绢本上，高精度仿真印绘清代宫廷画家郎世宁的传世之作——《百骏图》。

图6-78　花卉丝绸手绘画（一）

绘品1　花卉丝绸手绘画（一）（图6-78），规格：80厘米×60厘米，范存良创作。

范存良先生，曾在1980年全国优秀印花绸花样设计评选中获得一等奖。他在真丝绸上手绘的作品风格独特，花卉形体优美，色彩层次丰富，有浓郁的艺术韵味。

图6-79 花卉丝绸手绘画(二)

绘品2 花卉丝绸手绘画(二)(图6-79),规格:80厘米×110厘米,范存良创作。

主要参考书目

[1] 陈娟娟. 中国织绣服饰论集[M]. 北京：紫禁城出版社，2005.

[2] 黄能馥，陈娟娟. 中国服装史[M]. 北京：中国旅游出版社，1995.

[3] 王庄穆. 新中国丝绸史记[M]. 北京：中国纺织出版社，2004.

[4] 赵丰. 中国丝绸通史[M]. 苏州：苏州大学出版社，2005.

[5] 赵丰. 中国丝绸艺术史[M]. 北京：文物出版社，2005.

[6] 宋凤英. 中国织绣收藏鉴赏全集[M]. 长沙：湖南美术出版社，2012.

[7] 杭州丝绸控股（集团）公司. 杭州丝绸志[M]. 杭州：浙江科学技术出版社，1999.

[8] 高春明. 锦绣文章：中国传统织绣纹样[M]. 上海：上海书画出版社，2005.

[9] 中国丝绸协会历史研究委员会，浙江丝绸工学院丝绸史研究室. 新中国丝绸大事记[M]. 北京：纺织工业出版社，1992.

[10] 苏州市地方志编纂委员会. 苏州市志[M]. 南京：江苏人民出版社，1995.

[11] 苏州丝绸工业公司. 苏州市丝绸工业志（内部版）[M]. 1986.

[12] 金文. 南京云锦[M]. 南京：江苏人民出版社，2009.

[13] 陈永昊，余连祥，张传峰. 中国丝绸文化[M]. 杭州：浙江摄影出版社，1995.

[14] 马惠娟，胡金楠，等. 中国缂丝[M]. 扬州：广陵书社，2008.

[15] 李宏. 绣品鉴藏[M]. 天津：百花文艺出版社，2007.

后 记

由苏州市工商档案管理中心与苏州吴绫丝绸精品有限公司合作完成的《丝绸艺术赏析》一书即将出版，这完成了我们的一个心愿，即把刘立人多年收藏的织、绣、印、绘等丝绸文化艺术作品，展示和介绍给喜爱丝绸文化、喜爱丝绸艺术的同行与读者，并把他从事丝绸工作50年积累的专业知识和对丝绸艺术的理解与大家交流，抛砖引玉，在共同的学习和欣赏中分享丝绸艺术给我们带来的愉悦。

众所周知，丝绸艺术是中国文化艺术百花园中一朵亮丽的奇葩。我们怀着对丝绸深深的情结和对艺术的敬畏之心，将织、绣、印、绘等工艺精品进行整理分类，按时间顺序、大类品种等不同因素，将书分成传统织锦艺术、丝织像景艺术、刺绣和现代丝绸艺术等几个部分，着重在相关丝绸文化艺术的人文环境、历史沿革、工艺技术和藏品具体特征等方面进行描述和分析，力求使读者能清晰了解丝绸艺术品的工艺性和表现力，为丝绸文化艺术的传承和传播尽绵薄之力。

本书对300多件比较珍贵的丝绸艺术藏品进行精心拍摄并选用了400多幅图片，图文并茂，以便读者阅读、理解和欣赏。

本书集中展示了丝绸艺术作品，并进行了丝织专业和艺术特点的相关介绍与分析，这在国内丝绸界和收藏界尚属首次。因此，本书既可作为了解有关丝绸知识的参考书籍，又可作为收藏丝绸工艺品借鉴所用的工具书籍，具有一定的实用性和观赏性。

值得一提的是，本书选用了大量珍贵而精美的丝织像景画，比较系统地分析了近百年来中国丝织像景艺术的进步和发展，像这样集中展示丝织像景艺术书画实物，并进行针对性分析的专著在全国也是首次尝试，这成为本书的一大特点。

在撰写本书的过程中，我们参考了大量同行的著作和资料，受益匪浅，在此向各位前辈和专家表示衷心感谢。

苏州市工商管理中心的陈鑫、栾清照、杨韫、周玲凤、薛怡等在本书的编校过程中做了大量具体工作，本书的出版得到了苏州大学出版社的领导和编辑以及苏州蓝德艺术设计有限公司的鼎力支持，在此表示深深的谢意。

尤其要感谢的是王亚蓉先生，王老师不仅为本书撰写了充满鼓励和激情洋溢的序文，更加可贵的是王老师用十分科学严谨的态度，提出了"像景"若称为"像锦"更为相宜的建议，这是一个具有高度、科学合理的专业性提议，我们完全赞同这个提法，并且已经着手在研究"中国像锦"这个命题的涵义和内容。我们相信，"像锦——影像织锦"这个命名，将成为丝织像景织物专业归类的科学合理的称谓。

由于我们的专业水准和艺术素养有限，著作中有不当之处，诚恳欢迎专家和读者批评指正。

编者

2015年5月